Peter Böhlke und Jürgen Nagler

Wartburg

Alle Modelle 1953–1991

WARTBURG
Seite 24

Wartburg 353 und 1.3 ... 48

Melkus RS 1000 ... 68

Kaufberatung ... 80

SLK E 1105

Ein Kultklassiker entsteht

Peter Böhlke (r.)

Die Bombe schlug zweimal ein. Erst in der Ministerialbürokratie, dann in der Sozialistischen Einheitspartei Deutschlands (SED). Im Ministerium war die Wirkung verheerend, in der Partei herrschte Begeisterung. Der Sprengstoff kam als neue Mittelklasselimousine daher. Die Explosionen gezündet hatte EMW-Chef Martin Zimmermann – durch eine unangemeldete Fahrzeugpräsentation in (Ost-) Berlin: Daraus entstand der Wartburg 311.

In den 50er-Jahren war die Existenzangst durch das Automobilwerk in Eisenach geschlichen. Den Thüringern fehlte der Folgeauftrag für den IFA F9. Deshalb entwickelten die Eisenacher Motorenwerke (EMW) selbst ein neues Auto. Ohne Genehmigung und ohne Auftrag. Die Mittel wurden aus der laufenden Produktion abgezweigt. Das war ein Ausscheren aus der sozialistischen Planwirtschaft. Wie das im ostdeutschen Überwachungsstaat gelingen konnte, ist bis heute ungeklärt.

Der für die ostdeutsche Automobilbranche zuständige Minister soll in Berlin getobt haben, als er von den Eigenmächtigkeiten der Eisenacher erfuhr. Aber die Würfel waren gefallen. Zimmermann hatte die SED auf seine Seite gebracht, und die traf die Entscheidungen. EMW erhielt die Genehmigung zur Serienfertigung. Kurz darauf wurde EMW in AWE (Automobilwerk Eisenach) umbenannt. Es entstand eine Fahrzeugfamilie, die heute zu den Kultklassikern zählt: die Familie der Wartburg-Automobile.

Es waren dramatische Augenblicke, in denen sich das Schicksal des Wartburg entschied. Es hätte auch anders ausgehen können. Denn Zwickau hatte ebenfalls eine Schwarzentwicklung auf dem Gewissen. Zwar nicht so komplett wie die Eisenacher, auch hatte der Staat viel eher davon Wind bekommen. Immerhin hatten die Zwickauer einen Entwicklungsauftrag gehabt. Aber dessen Vorgaben waren realitätsfremd gewesen. Deshalb waren sie von den Vorgaben abgewichen und hatten ein anderes Auto gebaut: den späteren Trabant. Dennoch sollen in Berlin einige Herren geschäumt haben vor Wut. Es war gegen jegliche systemische Rationalität, dass Berlin angelegentlich der Eisenacher Eigenmächtigkeit die Automobilwirtschaft damals nicht zur Räson brachte.

15 Jahre später sollte das Schicksal des Wartburgs erneut auf der Kippe stehen. Wovon zu berichten sein wird. Auch da setzte sich der Wartburg durch. Erst als nach der Wende das überwältigende Angebot der internationalen Konkurrenz auf den ostdeutschen Markt drückte, ging seine Produktion zu Ende. Er war bis dahin 35 Jahre lang gebaut worden.

Dreieinhalb Jahrzehnte war der Wartburg die gehobene Alternative zum Trabant. Abgesehen von Angeboten aus osteuropäischer Produktion. Auch die deckten die Nachfrage nicht ab. Der Dauerbrenner aus Eisenach war sogar die Basis für den Melkus RS 1000. Fahrwerksrahmen, Motor und Getriebe des Wartburgs wurden in Dresden für den einzigen straßenzugelassenen Rennsportwagen der DDR verfeinert. Vom Melkus gibt es inzwischen eine Neuauflage. Beim Wartburg gibt es sie (noch) nicht. Auf Oldtimertreffen erlebt der Mittelklassewagen aus Eisenach eine Renaissance, im Osten sowieso und zunehmend auch im Westen. Wohl kaum ein anderes Automobil blickt auf eine Historie mit so vielen Höhen und Tiefen zurück wie der Wartburg. Dieses Buch erzählt seine Geschichte.

Peter Böhlke und Jürgen Nagler
Hamburg und Wernigerode, im Herbst 2011

Jürgen Nagler

Gegenüberliegende Seite: Wartburg 353 W, Baujahr 1987. Das abgesenkte Blech in der Mitte der Motorhaube dient der Versteifung sowie der Luftzuführung zu den Hutzen vor der Windschutzscheibe.

Wartburg 311

Er war so begehrt, dass die Menschen eineinhalb Jahrzehnte auf ihn warteten. Heute gehört der Wartburg zu den Klassikern. Seine Entstehung stand des Öfteren auf Messers Schneide. Beinahe hätte es ihn nie gegeben. Und das aus mehreren Gründen.

Der IFA F9 in der Kabriolett-Version

Die Tradition zerbricht: ein Zweitakter in Eisenach

1953 beschließt das für den Automobilbau zuständige Ministerium, die Produktion des IFA F9 nach Eisenach zu verlagern. Der Belegschaft des Eisenacher Automobilwerks geht die Entscheidung gegen den Strich. Ein kleiner Zweitakter passt nicht in das automobile Weltbild der Autobauer im Thüringer Wald. Sie sind den Bau geräumiger Limousinen mit großvolumigen Ottomotoren gewohnt. Hatten sie doch nach dem Krieg den gehobenen Automobilbau im ehemaligen BMW-Stammwerk fortgesetzt und dabei die schützende Hand der sowjetischen Besatzer über sich gefühlt. Dass es ohne den IFA F9 keinen Wartburg gegeben hätte, ahnt 1953 niemand.

Die Begründung für die Produktionsverlagerung des IFA F9 nach Eisenach ist der chronische Mangel an Tiefziehblechen in Zwickau. Dort ist der F9 bis dato montiert worden. Die Eisenacher Motorenwerke (EMW) sind besser gestellt. Sie haben Beziehungen. Die stammen noch aus der Zeit, als das Werk ein Teilbetrieb der Sowjetischen Aktiengesellschaft (SAG) war, ein sowjetischer Staatsbetrieb, der von Moskau aus gelenkt wurde.

Die „Automobilfabrik der Staatlichen Aktiengesellschaft Awtowelo Werk BMW Eisenach" war nicht der einzige Betrieb, den die Sowjets nach dem Krieg in ihren Staatskonzern eingegliedert hatten. Es waren die ostdeutschen Sahnestücke, die sie unter ihre Kontrolle brachten. Die Eingliederung in den sowjetischen Awtowelo-Verband im August 1946 rettete das BMW-Werk vor der Demontage. Zugleich waren die Betriebe jeglichem deutschen Einfluss entzogen. Das hatte Vorteile: Durch den SAG-Verbund konnten Defizite beim Beschaffen von Material beseitigt werden, die Menschen waren privilegiert beim Bezug von Lebensmitteln.

Die Werkshallen in Eisenach waren vor dem 2. Weltkrieg hochgezogen worden. Damals brummte die Produktion. Die Bayerischen Motorenwerke (BMW) waren seit 1928 die Eigentümer des Automobilwerks. Bis zur Umstellung auf Kriegswirtschaft im Jahr 1941 hatten die Bayern in Eisenach ihre Pkws produziert. Nur die Motorradherstellung war in Bayern geblieben. Aber im Krieg war auch die nach Eisenach verlegt worden. Nach dem Krieg hätte das Eisenacher Automobilwerk demontiert und in die Sowjetunion gebracht werden sollen. Warum der BMW-Betrieb verschont blieb, ist bis heute nicht schlüssig erforscht. Bei objektiver Betrachtung wäre das Werk keineswegs geeignet gewesen, die Produktion sofort aufzunehmen. Eisenach und Sigmar wiesen den höchsten Zerstörungsgrad aller ostdeutschen Automobilwerke auf.

Unglaublicher Deal: Der Nimbus überzeugt

Das Überleben des Automobilwerks ist einer Gruppe von Autobauern aus Eisenach zu verdanken, die bei der sowjetischen Militärverwaltung vorsprach. Ihr Anliegen: Den sowjetischen Chef der Ostzone, Marschall Schukow, vom Fortbestand der Eisenacher Automobilwerke zu überzeugen. Die Eisenacher Delegation brachte Argumente zum Anfassen und Ausprobieren mit: einen BMW 321 und eine BMW R 35. Die Eisenacher reisten mit einer Vereinbarung ab. Innerhalb von sechs Tagen würden sie der Sowjetischen Militäradministration fünf neue BMW 321 und R 35 liefern. Als Beweis für die qualitative und quantitative Leistungsfähigkeit des Eisenacher Werks.

Die Eisenacher arbeiteten rund um die Uhr. Das Unglaubliche gelang. Pünktlich erfüllten sie ihre Zusage. Durch den Befehl der Sowjetischen Militäradministration Nr. 93 vom 13. August 1945 wurde das Automobilwerk in Eisenach von der Demontage zurückgestellt. Es muss der Nimbus von BMW gewesen sein, der Schukow überzeugte. Fahrzeuge mit dem Nierenkühler würden die Mobilität höherer Offiziere und Führungskader sichern. Denn dass die BMWs aus Eisenach vorrangig an die Besatzer geliefert werden würden, war von vornherein klar.

Der BMW 321 war das Fundament der wieder aufgenommenen Produktion. Der Zweitürer hatte sich bereits vor dem Krieg bewährt. Der längs zur Fahrtrichtung eingebaute Sechszylinder-Reihenmotor hatte einen Hubraum von 1.971 cm^3. Die Motorleistung von 45 PS beschleunigte die Limousine auf 115 km/h.

BMW im Osten: dem Westen voraus

Die Produktion westdeutscher BMW-Automobile war noch nicht angelaufen. Zwischen 1945 und 1950 verließen 8.996 Autos des Typs BMW 321 die Eisenacher Werkshallen. 7.148 Fahrzeuge gingen in den Export. Davon waren 5.142 Autos Reparationsleistungen für die Sowjetunion, die anderen verteilten sich auf 17 Länder, darunter die deutschen Westzonen, Österreich, die Schweiz, Holland, Finnland, Schweden und Belgien. Es schien, als könne sich der westliche Markt durchaus an „BMW – Made in East Germany" gewöhnen.

Von BMW zu EMW: die Folge eines Rechtsstreits

Nachdem sich die Produktion entsprechend der Planzahlen normalisiert hatte, teilte die Regierung der DDR am 30. April 1952 mit, dass ihr durch Beschluss der sowjetischen Regierung 66 SAG-Betriebe übergeben worden wären. Zu diesen nunmehr in „Volkseigentum" stehenden Betrieben gehörte auch das BMW-Werk in Eisenach.

1952 begann erst in Bayern die BMW-Produktion: mit dem BMW 501. Zwei voneinander unabhängige BMW-Werk, das eine in Ost-, das andere in Westdeutschland, das konnte nicht gut gehen. Für die Bayern war es mehr als lästig, dass die Ostdeutschen zum Zeitpunkt der westdeutschen Produktionsaufnahme schon auf dem Markt waren. BMW aus München klagte gegen BMW aus Eisenach. Die Ostdeutschen sollten es unterlassen, den Namen BMW weiterhin zu verwenden. Die Klage der Bayern richtete sich gegen den in Westdeutschland ansässigen Importeur der ostdeutschen BMWs. Der Gerichtsstand war Düsseldorf. Das Gericht erhob zwar keine Einwände gegen eine Produktion von BMWs in Eisenach und deren Vertrieb in Ostdeutschland. Aber in Westdeutschland und im Ausland durften sie nicht mehr verkauft werden. Die Entscheidung führte zum Namenswechsel. Fortan hieß das Werk „VEB IFA –Automobilfabrik EMW Eisenach" und war der ostdeutschen IFA (Industrievereinigung Fahrzeugbau) unterstellt. Aus BMW war die Bezeichnung EMW geworden, die Abkürzung für Eisenacher Motorenwerke. VEB stand für Volkseigener Betrieb.

Noch während die Produktion des BMW 321 lief, begann in Eisenach die Entwicklung der Modellserie 340. Der Fahrzeugtyp war eine Weiterentwicklung des bereits vor dem Krieg produzierten BMW 326. Die Produktion des 340-2 begann am 1. September 1949. Sie lief bis zum 30. April 1953. 20.452 Fahrzeuge des Typs BMW respektive EMW 340-2 verlie-

Der IFA F9 war der Vorgänger des Wartburgs. Seine Technik diente den Eisenachern als Basis für den Wartburg.

IN ZWICKAU HATTE ES GEHAKT. DIE EISENACHER KÖNNEN ES BESSER.

Der Wartburg wird gebaut: Getriebeendmontage bei AWE

Fahrzeugbau bei AWE: Die Endmontage des Wartburg 311

ßen das Eisenacher Werk. Währenddessen erfolgte in kleiner Stückzahl die Produktion des BMW bzw. EMW 327, der als Cabriolet und als Coupé ausgelegt war. Mit ihm endete in Eisenach der Bau von Autos mit Viertaktmotoren. Erst in der zweiten Hälfte der 80er-Jahre sollte sich daran etwas ändern.

Befehl von oben: Eisenach übernimmt den F9

Als VEB war EMW an die Weisungen von oben gebunden. Dabei spielte es keine Rolle, was der Belegschaft passte und was nicht. Andere Belegschaften hätten nach einem Diktat von oben vielleicht Arbeit nach Vorschrift gemacht. Nicht so die Eisenacher. Ein Großteil der Belegschaft begeift den F9 als Chance, eine Minderheit hätte lieber die EMW-Modelle weitergebaut. Es ließ sich nicht ändern, der F9 musste in Eisenach gebaut werden. Die Eisenacher hatten diesen Auftrag bekommen, weil in Zwickau die Serienproduktion gehakt hatte. Die Blechkarosse war im Zwickauer Horch-Werk gefertigt worden, der Dreizylinder-Motor in Chemnitz und das Fahrwerk im Audi-Werk in Zwickau. Dort war auch die Endmontage erfolgt. Die Abläufe waren zu aufwändig gewesen: Jetzt können die Eisenacher zeigen, dass sie es besser machen.

Für die Eisenacher ist der F9 das erste Nachkriegsmodell mit Zweitaktmotor. Der ostdeutsche F9 war eine modifizierte Weiterentwicklung des gleichnamigen Vorkriegsmodells. Das Auto hatten 1937 die Auto Union und DKW als Nachfolger des F8 konzipiert. 28 PS trieben den handlichen Zweitürer auf eine Höchstgeschwindigkeit von 110 km/h. Der Dreizylinder-Motor des F9 hatte 900 cm³. Die Verdichtung lag bei 1:6,25. Die Schmierungsmischung des Zweitakters betrug 1:25. Zylinderblock und Kurbelgehäuse waren aus Grauguss. Die Zündung basierte auf einer 6-Volt-Zündspule und einem Zündverteiler am vorderen Kurbelwellenende. Der Vergaser H 362/0 stammte von der Berliner Vergaserfabrik (BVF). Der Röhrenkühler fasste 10 Liter Kühlflüssigkeit und stand hinter dem Motor. Das waren die Grundlagen, aus denen später das Triebwerk des Wartburgs entstand. Aber das ahnte noch niemand.

1954 wird das Aggregat überarbeitet. Eine Verdichtung von 1:6,8, eine senkrechte Anordnung der Zündkerzen und ein Auspuff-Vordämpfer steigern die Leistung auf 32 PS. Eine Kraftstoffpumpe wird eingebaut, weil der Tank ins Fahrzeugheck verlegt wird. Die Lüf-

Das alte und aufwändig gestaltete Logo des Eisenacher Automobilwerks für die Luxusmodelle

Aus Kostengründen wurde das Logo des Eisenacher Automobilwerks nur noch zweifarbig gestaltet (unten).

Historischer Boden in Eisenach. Unten links ist heute das Büro des Eisenacher Wartburgclubs untergebracht, rechts saß früher der Werkschutz, oben die Kaderabteilung (Personalabteilung). Hinten: die Fahrzeugausstellung awe (Automobile Welt Eisenach)

terwelle wandert auf die linke Seite des Zylinderkopfes, wodurch die im Konturschatten des Motors liegende Kühlfläche besser angeströmt werden kann. Bei den damaligen Verkehrsverhältnissen ist diese Art der Kühlung problemlos, heute sähe das anders aus.

Im Eisenacher Codierungssystem trägt der F9 die Bezeichnung „Baumuster 309". Die Fahrgestellnummern der in Eisenach gebauten F9 fällt fünfstellig aus, während sie in Zwickau vierstellig war. 45001 ist die Nummer des ersten in Eisenach produzierten F9. Es entsteht eine ganze Fahrzeugfamilie. Den F9 produzieren die Eisenacher als Limousine (309-1), Cabriolet (309-2), Cabrio-Limousine (309-3), Einsatzwagen für die Polizei (309-4), Pick-up (309-5), Rechtslenker für den Export (309-6), Kombiwagen mit Holzaufbau (309-7), Limousine mit Faltschiebedach (309-8) und Kombiwagen mit Stahlaufbau (309-9). Der F9-Motor wurde außerdem als Baugruppe exportiert und an Framo/Barkas geliefert und in den dort gefertigten Kleinlastwagen eingebaut. Der F9 erhält beim Concours de Carrosserie im holländischen Scheveningen in den Jahren 1952 und 1953 für sein Design den 1. Preis seiner Wagenklasse.

Bei der Kundschaft hat der F9 Erfolg. Der Vorgänger des Wartburgs vereint die Vorteile eines Kleinwagens mit den Vorzügen eines Wagens der unteren Mittelklasse. Der Motor bewährt sich durch seine Einfachheit, Elastizität, Robustheit, Startbereitschaft, Drehfreudigkeit und Zuverlässigkeit. Auch im Ausland war der F9 begehrt. In 24 Länder exportierte ihn die DDR. Der gute Absatz im Ausland führte dazu, dass von den insgesamt 7.550 produzierten Fahrzeugen im Jahr 1953 nur 3.014 in Ostdeutschland blieben.

Die Zukunft Eisenachs: Berlin schweigt

Die Produktion des F9 konnte nicht ewig dauern. Die aus Zwickau übernommenen Produktionsmaschinen waren inzwischen abgenutzt. Das wussten die Eisenacher, sie waren frustriert. Es ging um die Zukunft des Standortes. Als am 9. April 1954 der zehntausendste F9 vom Band rollt, findet eine kleine Betriebsfeier statt. Der stellvertretende Betriebsdirektor Müller richtet das Wort an die Belegschaft: „Wir werden einen neuen Wagen bauen, der unserer Tradition entspricht …" Der Tradition entsprachen geräumige Limousinen und Sportwagen.

Doch Berlin hüllte sich in Schweigen. Vorangetrieben wurde die Entwicklung durch das Ausland. Wieder wurde gegen das Automobilwerk geklagt, auf Umwegen. 1955 bezichtigte die Ingolstädter Auto Union die Schneider AG in Zürich des unlauteren Wettbewerbs. Dieses Unternehmen vertrieb den IFA F9 in der Schweiz. Die Ingolstädter verwiesen auf die Ähnlichkeit des F9 mit dem von ihnen selbst produzierten DKW 3=6. Die Auto Union GmbH Ingolstadt wäre der Rechtsnachfolger der früheren Auto Union AG Chemnitz. Die Nutzung von Plänen aus dem Bestand des Vorbesitzers durch volkseigene Betriebe in der DDR sei rechtswidrig. Die Ostdeutschen argumentierten indessen, ihr Auto sei kein Nachbau, sondern eine eigenständige Weiterentwicklung. Ein Urteil ist in dieser Sache nie ergangen. Aber die Eisenacher erkannten die Zeichen der Zeit. Nur ein neues Modell versprach Sicherheit vor weiteren juristischen Nachstellungen. Das Schweigen aus Berlin war in dieser Lage im Thüringer Wald noch deutlicher zu hören. Was sich dann ereignete, könnte man als den genialsten Coup in der Eisenacher Werksgeschichte bezeichnen. Das Automobilwerk griff zur Selbsthilfe.

Geheime Arbeit: Der Wartburg entsteht

Die Entwicklung des F9-Nachfolgers erfolgt auf Weisung des damaligen Werksleiters Martin Zimmermann, einem altgedienten, mit allen Wassern gewaschenen BMW-Mann. Das Projekt „Baumuster 311“ ist eine „Schwarzentwicklung“ ohne Genehmigung durch das Ministerium oder die Partei. Als Basis dient die Technik des IFA F9. Die Arbeiten unterliegen strengster Geheimhaltung. Nur ein kleiner Teil der Belegschaft sei eingeweiht gewesen, so lautet die erste Version. Oder, so die zweite Version, alle wussten davon und alle hielten dicht. Wer das AWE-Werksgelände kennt, der weiß, dass das Areal nicht unüberschaubar ist, auch wenn man die ausgelagerten Betriebsflächen dazu rechnet. Hinzu kommt, dass das Material für die „Schwarzentwicklung“ – daher auch der Name – nicht bilanziert ist. Es muss aus der laufenden Produktion abgezweigt werden.

Es erscheint unvorstellbar, dass dieser Materialabfluss unbemerkt und ohne Nachfragen geblieben ist. Es erscheint genauso unvorstellbar, dass die Betriebsgruppe der SED nichts gewusst hat. Es ist kaum zu glauben, dass die auch damals schon omnipräsente Staatssicherheit nichts mitbekommen hat. Ein Insider versucht eine Erklärung, er war damals Lehrling und später Führungskader (1) bei AWE: „Die Loyalität der Belegschaft und der Genossen gehörte zuallererst dem Betrieb, danach dem Staat und dann der Partei.“

Der F9-Nachfolger ist noch nicht ganz fertig, als der für den Automobilbau zuständige Minister Heinrich Rau den Eisenacher Werksleiter unerwartet nach Berlin einlädt. Ohne Begründung. Martin Zimmermann reist in die Hauptstadt der DDR. Im Ministerium erfolgt vor geladenen Gästen die Präsentation des neuen P 70 aus Zwickau. Dessen Entwicklung ist genehmigt gewesen. Für Eisenach eine böse Überraschung. Jetzt ist die Gefahr groß, dass die Planwirtschaft keinen zweiten Neuwagen

(1) Führungskader: Bezeichnung in der DDR für gehobene Führungskräfte, Angehörige des Managements, Vorstandsmitglieder

Heck- und Frontansicht der Wartburg 311 Limousine, Baujahr 1958, im Originalzustand und mit altem DDR-Kennzeichen

genehmigen wird. Der F9-Nachfolger steht nicht mal im Plan! Jetzt gilt es für Eisenach, nicht ins Hintertreffen zu geraten. Nur wenige Tage später fährt Martin Zimmermann erneut nach Berlin. Er lenkt die schnellstens fertiggestellte Schwarzentwicklung, den zukünftigen Wartburg, in die Hauptstadt der DDR. Der Prototyp kommt noch als Zweitürer daher und hat gegenüber dem späteren Serienmodell einen um zehn Zentimeter kürzeren Radstand. Das Haubenemblem zeigt den „Fliegenden Zentaur" in Anlehnung an die Tradition der legendären Dixis, die früher in Eisenach entstanden waren.

Den Minister trifft Zimmermann gar nicht an, nur einen über die Fahrzeugpräsentation verärgerten Vertreter. Doch Martin Zimmermann weiß sich zu helfen. Auf der Stelle disponiert er um. Er stellt den „EMW 311", wie das Baumuster noch heißt, dem Zentralkomitee (ZK) der Sozialistischen Einheitspartei Deutschlands (SED) vor. Den Genossen gefällt dieser neue Fahrzeugtyp. Das bestimmt dessen Zukunft. Auch ein Minister muss sich den Entscheidungen der Partei beugen. Sie hat das letzte Wort. So will es die sozialistische Ideologie.

Natürlich lässt sich ein Minister nicht so einfach ausbooten. Für Martin Zimmermann hat die Sache ein Nachspiel. Obwohl das Ministerium dem EMW 311 die Genehmigung für die Serienfertigung erteilt, erhält der Werksleiter eine Disziplinarstrafe von 5.000 (Ost-)Mark auferlegt, weil er den 311 ohne Ge-

Der Innenraum aller Wartburg-Modelle war geräumig. Der Prototyp des 311 war ein Zweitürer. Nachdem der Radstand um zehn Zentimeter verlängert worden war, konnte der Wartburg als Viertürer gebaut werden.

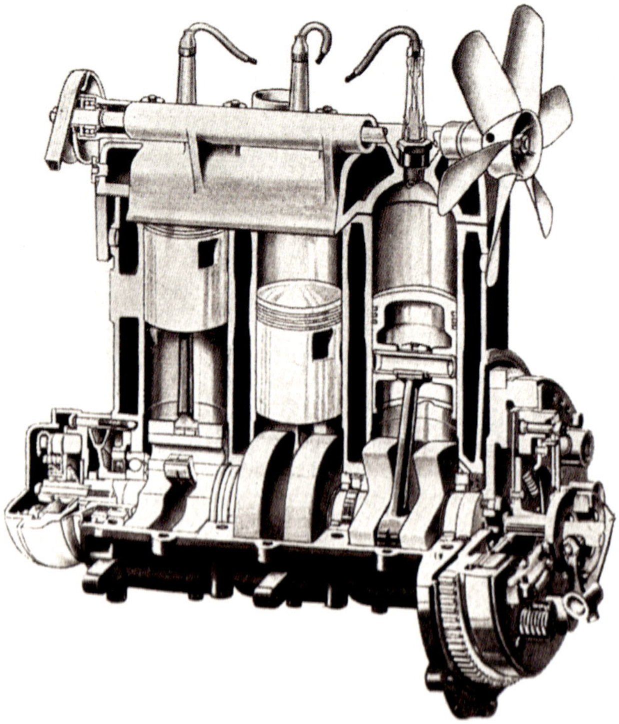

Der Dreizylinder-Zweitaktmotor des Wartburg 311

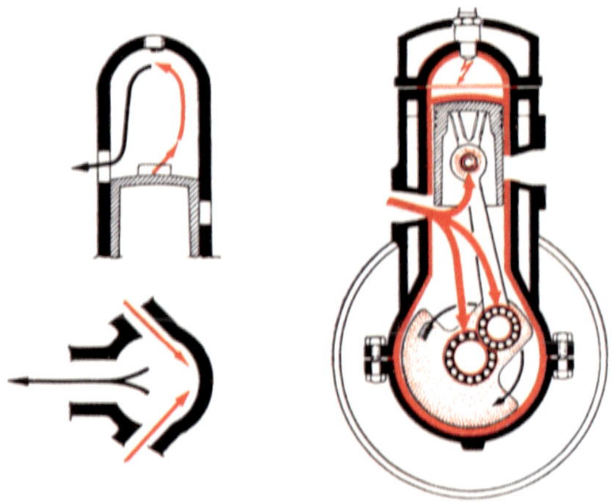

Links im Bild das Prinzip der Umkehrspülung. Rechts im Bild die Schmierung durch das dem Kraftstoff beigemischte Öl

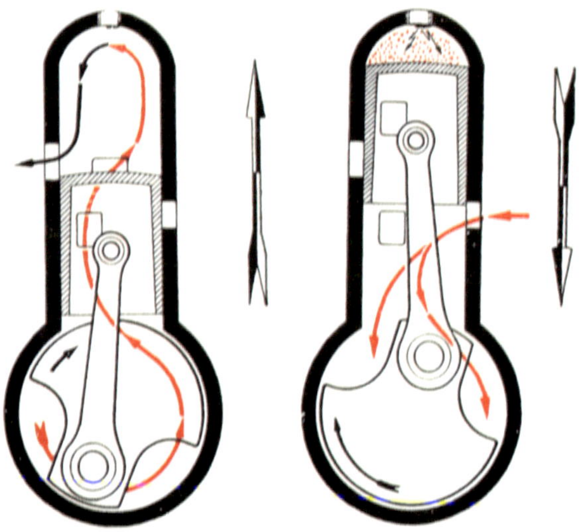

Beim Zweitaktmotor wird – im Gegensatz zum Viertaktmotor – die Kolbenunterseite in den Gaswechselprozess einbezogen.

nehmigung entwickelt hat. Allerdings erhielt er diesen Betrag wieder zurück. Als sogenannte Prämienzahlung.

Erst EMW, dann AWE: Die Serienproduktion läuft an

Im Oktober beginnt die Serienproduktion des 311. Damals heißt das Automobilwerk noch EMW. Zwei Monate später erfolgt die Umbenennung des Werks in VEB Automobilwerk Eisenach (VEB AWE). Damit einher geht auch ein völlig neues Firmenzeichen, das mit der Silhouette der Wartburg das Wahrzeichen Eisenachs abbildet. Der Name „Wartburg" sollte von da an bis zum 10. April 1991 für die in Eisenach gefertigten Fahrzeuge stehen. Mit der Typenbezeichnung war zum dritten Mal ein Pkw aus dem Eisenacher Werk nach dem Wahrzeichen der Stadt getauft worden.

„Der Wagen ist eine gelungene Neuentwicklung auf der Grundlage des F9", schrieb die ostdeutsche Zeitschrift „Der Deutsche Straßenverkehr" in der Ausgabe 1/1956. Kastenprofilrahmen, Einzelradaufhängung vorn, Starrachse hinten mit oberer Querblattfeder waren geblieben. Neu sind die schräg eingebauten, doppelt wirkenden Teleskopstoßdämpfer. Seiner Zeit voraus ist der Frontantrieb, der in den 50er-Jahren in der unteren Mittelklasse nicht üblich war. In diese Fahrzeugklasse hat AWE respektive EMW den neuen Wartburg selbst eingestuft.

Der Wartburg entsprach damit der Tradition des Eisenacher Automobilbaus – bis auf das Triebwerk, das kein Viertakter ist. Die Limousine hat eine Pontonkarosserie mit vier Türen, die Fahrgastzelle bietet den Insassen geräumige Bewegungsfreiheit. Der Radstand fällt zehn Zentimeter länger aus als beim F9. Der längs eingebaute Motor hat Ähnlichkeiten mit dem im F9. Er hat 900 cm³ Hubraum und zweitaktet auf drei Zylindern, das Mischungsverhältnis Öl/Benzin liegt bei 1:25. Beigemengt wird das Zweitaktschmieröl mit der Bezeichnung MZ 22.

Die Leistung ist auf 37 PS gestiegen, die Höchstgeschwindigkeit auf 115 km/h geklettert. Damit entsprechen die Fahrleistungen denen des EMW 340. Das Viergang-Getriebe mit sperrbarem Freilauf ist noch nicht synchronisiert. Beim Runterschalten muss noch Zwischengas gegeben werden. Vorne und hinten verzögern Simplex-Trommelbremsen.

Die Scheibenwischer laufen mit Gegenschlag, das Abblendlicht strahlt symmetrisch.

Eine Zentralschmierung versorgt die Lenkung, Spurstangen- und Achsköpfe sowie die Pedalwelle für alle drei Pedale (Gas, Bremse, Kupplung) mit Öl von geringer Viskosität. Die Schmierölleitungen haben einen Innendurchmesser von zweieinhalb Millimetern. Die Handbremsseile müssen mit der Fettpresse geschmiert werden. Dabei darf nicht zu viel Fett auf die Bremsseile gebracht werden. Denn beim Betätigen der Handbremse nimmt das Seil das Schmierfett in Richtung der Bremstrommel mit. Ist beim Schmieren zu viel Fett in die Seilführung eingebracht worden, schiebt sich das überschüssige Fett in die Bremstrommel. Die Bremse verliert ihre Wirkung.

Das große Wagnis: der erste Rallye-Einsatz

Seine Qualitäten bewies die Neukonstruktion aus Eisenach bei der 1. Wartburg-Rallye. Der Verdacht mag sich aufdrängen, die Wartburg-Rallye sei als fulminante PR-Veranstaltung für den neuen 311 inszeniert worden. Der Anschein spricht dafür: Die zeitliche Nähe des Rallye-Termins zur Präsentation der Nullserie, die örtliche Nähe des Rallye-Parcours zum Automobilwerk in Eisenach, die Namensgleichheit der Rallye mit dem späteren Namen des neuen Autos. Doch dieser Verdacht ist unbegründet. Peter Witt verrät in „Steine, Staub und fremde Straßen" (erschienen im Sportverlag Berlin, 1963) die wahren Hintergründe. Kaum ein anderes Buch über dieses Thema ist so spannend, detailgenau und verständlich geschrieben. Selbst der Laie versteht bei der Lektüre die Anhänge des FIA-Reglements. Leider ist das Buch, das den Rallye-Alltag aus ostdeutscher Sicht beschreibt, längst vergriffen. Bestenfalls ist es im Antiquariatsbuchhandel zu bekommen. Eine 2. Auflage scheint es nicht gegeben zu haben, vielleicht weil der Autor die damaligen Erfolge der westlichen Konkurrenz und die von oben auferlegten Einschränkungen der Eisenacher Rallye-Equipe zu offen schilderte.

Peter Witt berichtet, wie umstritten diese Rallye gewesen sei. Warnende Stimmen hätten lieber einen Termin im Sommer des nächsten Jahres gesehen. Wegen der zu erwartenden unwirtlichen Straßen- und Witterungsverhältnisse. 1955 habe unter den Teilnehmern das Aufgebot der IFA F9 überwogen. Auf vier F9 wäre auch das Eisenacher Rennkollektiv gefahren. Erst ein Jahr später wären sie durch den Wartburg ersetzt worden.

Wechselgetriebe und Achsantrieb: Beim Wartburg 311 war das Getriebe noch nicht synchronisiert.

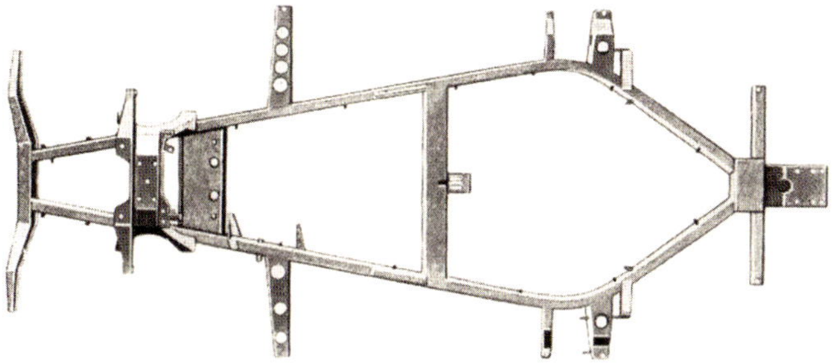

Der Fahrgestellrahmen blieb während der gesamten Wartburg-Produktion in seiner Grundform unverändert.

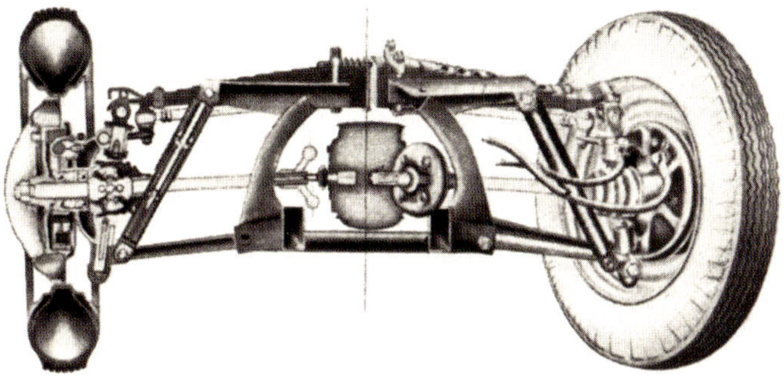

Vorderachse mit Gelenkwelle und Stoßdämpfer. Darüber die quer verlaufende Blattfeder

Unten: Rechte Seite der Hinterachse mit gleitend gelagertem Federende

Oben links: Linke Seite der Hinterachse mit angerolltem Federauge. Die Hinterachse ist eine Starrachse mit hochliegender, quer verlaufender Blattfeder und beiderseitigen Längslenkern. Die Querfeder ist auf der linken Seite gelenkig mit dem Achsträger verbunden, das rechte Ende ist gleitend im Achsträger gelagert. Damit werden die Längenänderungen beim Durchfedern gegenüber dem starren Achsrohr ausgeglichen.

Start zur dritten Friedens-Rallye in Balatonföldvat am Plattensee/Ungarn

Auch in Afrika, wie hier bei der Transvaal-Rallye, ist der Wartburg dabei.

Horst Ihling, damals Lehrling bei EMW, verrät, es sei allein die Entscheidung des Betriebsdirektors Zimmermann gewesen, den 311 bei der Wartburg-Rallye an den Start zu schicken (Autorennsport in der DDR, Horst Ihling, Schneider Text, 1. Auflage, 2006). Das Risiko, das die Eisenacher Werksleitung einging, war groß. Für den 311 lagen bisher kaum Erfahrungen vor. Ein Misserfolg wäre ein Desaster gewesen. Betriebsdirektor Martin Zimmermann setzte sich gegen alle warnenden Stimmen durch, denn er vertraute seinen Technikern, seinen Piloten – und dem Auto, für das er seine berufliche Existenz riskiert hatte.

Auf einer Streckenlänge von 850 Kilometern haben die Teilnehmer vom 2. bis 4. Dezember 1955 im Thüringer Wald mit Nebel,

DIE WARTBURG: EIN NATIONALES SYMBOL

Die Wartburg, das Wahrzeichen Eisenachs, ist die ehemalige Residenz der thüringischen Landgrafen. Hinter ihren Mauern übersetzte Martin Luther das Neue Testament. Bis dahin hatten nur diejenigen das Neue Testament lesen können, die des Lateinischen mächtig waren: die allmächtigen Würdenträger der katholischen Kirche. Der Reformator machte das Neue Testament jedem zugänglich, der lesen konnte. Die protestantische Reformation nahm ihren Lauf.

1817 war die Burg der Schauplatz des berühmten Treffens deutscher Burschenschaften, die erstmals die nationale Einheit des in Kleinstaaten zersplitterten Deutschlands forderten. Damals ein vergebliches Ansinnen. Aber der Nationalstaatsgedanke war geboren. Zumindest im Bürgertum, während der Adel weiterhin an der Aufsplitterung Deutschlands in Kleinstaaten interessiert war. Alles andere hätte den Verlust ihrer Macht bedeutet. Erst Jahrzehnte später schmiedete Bismarck das Deutsche Reich. Mit Eisen und Blut, wie es hieß, und in einer anderen Gestalt, als es die Studenten gefordert hatten. Drei Kriege führte Bismarck (1864 gegen Dänemark, 1866 gegen Bayern und Österreich, 1871 gegen Frankreich). Danach ließ er das Deutsche Reich proklamieren. Ausgerechnet in Versailles. Die Saat für den 1. und 2. Weltkrieg war damit ausgebracht. Vor dem Hintergrund dieser historischen Entwicklung war die Forderung nach einem Nationalstaat vor knapp 200 Jahren geradezu revolutionär.

Die Wartburg symbolisiert Liberalismus und Demokratie. Auch wenn die protestantische Kirche und Burschenschaften heute wieder eher als konservativ gelten.

Limousine in der Luxusversion: Eine bessere Ausstattung, die Technik bleibt unverändert.

Glatteis und Schneematsch zu kämpfen. Das Fahren um einen Platz auf dem Siegertreppchen tritt an diesen beiden Tagen in den Hintergrund. Das Durchhalten gerät zur zentralen Herausforderung. Nur Zweidrittel der Starter erreichen das Ziel. Darunter alle sechs 311 aus Eisenach. Sie gewinnen sechs Goldmedaillen sowie die Mannschafts- und den Klassensieg.

Die Eisenacher Rallye-Gruppe war erst ein Jahr zuvor gegründet worden. Eher zufällig, mit drei Versuchswagen des Typs F9. Der Renn- und Rallye-Sport sollte in Ostdeutschland ungemein populär werden, mit dem Segen des Staates und der Partei. Auf internationalem Parkett bewiesen Autos aus Eisenach regelmäßig ihre Zuverlässigkeit. Der Schwerpunkt war die Rallye-Teilnahme in den Ländern, in die der Wartburg exportiert wurde.

Modellvielfalt: Für jeden Einsatzzweck bereit

Auf der Basis des Standardmodells 311/0 bringen die Eisenacher bis Ende 1957 eine erstaunliche Vielfalt an Karosserievarianten auf den Markt. Eine Vielfalt, die nie wieder erreicht wird: die Limousine de luxe des Typs 311/1, das Cabrio 311/2, das Coupé 311/3, das Volkspolizei-Einsatzfahrzeug 311/4, die Camping-Limousine 311/5, die Rechtslenker-Limousine 311/6, den Schnelltransporter 311/7, die Limousine 311/8, den Kombi 311/9 sowie den Sportwagentyp 313/1. 1958 verlassen an jedem Arbeitstag 110 Pkws die Werkshallen. Ein Drittel geht in den Export. Die größten Abnehmer waren 1958 die BRD, Finnland, Belgien und Österreich.

Die Fahrzeugproduktion und die Werkstattkapazitäten konnten in der DDR mit der Nachfrage und den Bedürfnissen der Bevölkerung nicht mithalten. Die Hersteller wussten das. Ihre Produkte sind deshalb auf Langlebigkeit und Reparaturfreundlichkeit ausgelegt. Damit sollte der Markt entlastet und der Druck von den – überwiegend staatlichen – Werkstätten genommen werden. Beim Wartburg erleichtern von Anfang an verschraubte Karosseriebleche das Beseitigen von Unfall-

HAUPTEXPORTLÄNDER ZWISCHEN 1956 UND 1965

Exportland	Stückzahl
Tschechoslowakei	30.845
Polen	18.012
Finnland	14.815
Ungarn	11.975
Belgien	5.561
Norwegen	4.860
Bulgarien	3.826
Rumänien	3.542
Bundesrepublik Deutschland	3.243
Niederlande	3.205
Schweden	3.109
Kolumbien	2.034
Dänemark	1.400
USA	1.215

Quelle: 100 Jahre Automobilbau in Eisenach, Michael Stück/Werner Reiche, TIM Verlag, 2. Auflage 2001

PREISE (MÄRZ 1957) *)

Modell	Preis (Mark)
Wartburg 311/0 Limousine	14.700,–
Wartburg 311/0 Limousine mit Schiebedach	15.100,–
Wartburg 311/1 Limousine de luxe	16.400,–
Wartburg 311/1 Limousine de luxe mit Schiebedach	16.800,–
Wartburg 311/2 Kabriolett	17.200,–
Wartburg 311/3 Coupé	16.700,–
Wartburg 311/5 Camping	16.300,–
Wartburg 311/9 Kombi	15.300,–

*) Preise nach: Fahrzeuglexikon Wartburg, Jürgen Lisse, Bildverlag Böttger GbR, 1. Auflage 2007, Witzschdorf

Der Motor hat 900 cm³ Hubraum. Er leistete 37 PS. Die Kühlung erfolgte nach dem Thermosyphonprinzip. Der Kühler und der Kühllüfter lagen hinter dem Motor. Hinter dem Kühler lag eine Jalousie, die der Fahrer mit einem Seilzug betätigte. Bei kalten Außentemperaturen zog er sie zu, bei warmen Außentemperaturen zog er sie auf.

VERSCHRAUBTE BLECHE ERLEICHTERN DAS BESEITIGEN VON UNFALLSCHÄDEN.

schäden. Großzügige Spaltmaße vereinfachen das Herstellen und Einpassen der Ersatzbleche. Für den dauerhaften Korrosionsschutz haben die Fahrzeugbesitzer zu sorgen.

Ab 31. Januar 1958 sind die Getriebe vom zweiten bis vierten Gang synchronisiert. Im Modelljahr 1959 wird die Typenreihe weiter gepflegt. Die Bremsanlage besitzt nun auf 50 mm verbreiterte Beläge und wird vorne in Duplexausführung geliefert. Befestigt sind die neuen Bremstrommeln mit einer verbesserten Achsmutter, die Exzenterbolzen der Nachsteller fallen 15 mm länger aus. Die Bremsfläche steigt auf 920 cm². Die Modelle besitzen ein neues Wischergestänge für den Parallelschlag

Die Limousine mit Schiebedach hatte eine eigene Herstellerbezeichnung: 311/8.

Wartburg 311 Limousine in der gehobenen Urlaubskonfiguration mit Wohnanhänger

der Wischerblätter. Deren Antrieb erfolgt durch einen stärkeren Scheibenwischermotor. Dem Automobilwerk gelingt es, das Gewicht des Wartburg um 24 kg abzuspecken. Für die Motoren, die ab Mai 1957 ausgeliefert wurden, erfolgt rückwirkend die Freigabe für das Öl-Benzin-Gemisch im Verhältnis von 1:33 nach Ablauf der Einfahrzeit. Ab Ende des Jahres verlassen die Autos das Werk mit asymmetrischem Abblendlicht.

Aufgebohrt: der 1000er

Im April 1960 haben die Luftfilter einen Schnorchel erhalten, die Motoren sind mit dem Vergaser H 362-18 inklusive Hauptdüse 118 bestückt worden. Sie leisten von da an 38 PS. Fast auf den Tag genau ein Jahr später erhöht AWE die Verdichtung auf 7,3:1, die Leistung klettert auf 40 PS. Es ist die letzte Leistungssteigerung des 900er-Motors.

Dieser Wartburg 311 war in der Erinnerungsmappe für Werksbesucher abgebildet.

Seit Dezember 1961 entfällt die Zentralschmierung. Von da an sind mit der Fettpresse einzelne Schmiernippel zu versorgen: die für die Pedalwelle, die für das Kupplungs- und die beiden Handbremsseile sowie die an der Vorderradaufhängung für die Federgabellagerung, das Antriebsgelenk und den Gelenkzapfen. Die neuen „Schmierverhältnisse" sind dem Modelljahr 1962 zuzuordnen. Es ist das Modelljahr, in dem der „1000er-Motor" eingeführt wurde. Das neue Modelljahr begann damals am 1. Oktober des Vorjahres.

Beim „1000er-Motor" ist für die Hubraumvergrößerung auf 992,8 cm³ die Bohrung von 70 auf 73,5 mm erhöht worden. Der Hub von 78 mm und die Verdichtung von 7,3:1 bleiben erhalten. Letzteres wegen der Kraftstoffart VK mit einer Oktanzahl von 78. Die Einlasskanäle sind von 39 mm auf 44 mm verbreitert, die Auslasskanäle von 42 auf 44 mm und die Überströmkanäle von 20 auf 22 mm erweitert. Einige Kanalhöhen ändern sich bei gleichen Steuerzeiten zur Vergrößerung des Zeitquerschnitts. Die Überströmkanäle sind strömungsgünstiger gestaltet, sie haben ein vergrößertes unteres Eingangsfenster und verjüngen sich harmonisch nach oben. Diese Querschnittsverengung erzeugt eine Strömungsbeschleunigung. Der Block hat einen Wasserpumpenflansch und eine durchgängige 8er-Lagergasse für eine neue Kurbelwellenlagerung erhalten.

Der Wartburg 311 mit dem „1000er-Motor" wird von da an in Prospekten, Medien und zeitgenössischen Reparaturhandbüchern als Wartburg 1000 oder Wartburg 311-1000 bezeichnet. Wartburg 1000 wird später auch der Wartburg 312 genannt.

Personalmangel: Rallye-Fahrer testen den Motor-Typ 312

Als es an die Erprobung der Versuchsmuster geht, stehen dem Eisenacher Werk nicht genug Versuchsfahrer zur Verfügung. Die Rallye-Piloten des Eisenacher Werksteams springen in die Bresche. Immer wieder haben sie in ihren Erfahrungsberichten einen stärkeren Motor gefordert. Jetzt bekommen sie die Gelegenheit, selbst bei dessen Erprobung dabei zu sein. Sie gliedern sich als Schichtfahrer in die Versuchsabteilung ein.

Wartburg 311-0 des VEB Wasserwirtschaft Wernigerode, auf der Fähre von Warnemünde nach Hohe Düne zum Ferienobjekt Markgrafenheide

Zusammen mit den regulären Versuchsfahrern absolvieren sie über eine Million Kilometer mit den drei Versuchswagen. (nach: Steine, Staub und fremde Straßen, Peter Witt, Sportverlag Berlin, Berlin, 1963).

Januar 1962: Der Motor mit der Typbezeichnung 312 im Wartburg 311 leistet nun 45 PS bei 4.250 U/min. Er hat ein Drehmoment von 9,3 kpm bei 2.250 U/min. Die Höchstgeschwindigkeit steigt auf 125 km/h. An die Stelle der Thermosyphonkühlung tritt die Pumpenumlaufkühlung mit der von der Firma Karl Schmid in Merbelsrod entwickelten Wasserpumpe 60 K. Die Pumpe ist unter dem Auspuffkrümmer mittels angegossenem Flansch befestigt. Ihre Förderwerte liegen bei 1,1 bar/90 l/min. Der Gehäusethermostat vom VEB Mertik in Quedlinburg hatte eine Regeltemperatur von 80 Grad. Die neue Kühlungsmethode sorgt für stabile Kühlungsverhältnisse und eine schnellere Erwärmung des Motors. Dadurch kann die Heizung modifiziert, die Kühlergröße und das Wasservolumen können reduziert werden. Einen Ausgleichsbehälter hatte der Kühler noch nicht. Der Überdruck entweicht durch ein Ventil im Kühlerdeckel. Die Folge: Der Fahrer muss immer wieder Kühlmittel nachfüllen.

Bei den Motorversuchen haben die Testwagen auf der Autobahn 140 Stundenkilometer erreicht. Nicht regelmäßig, aber immer wieder. Dass diese 140 km/h nicht als Höchstgeschwindigkeit in den Papieren stehen, lag an den Bestimmungen in der DDR. Bei der amtlichen Abnahme eines Fahrzeuges musste dieses die vom Werk angegebenen Werte erreichen. Andernfalls wurde dem Fahrzeug die Abnahme verweigert. Deshalb setzten die Eisenacher die V_{max} lieber etwas niedriger an. Dafür waren sie dann aber sicher, dass dieser Wert auch unter ungünstigen Abnahmebedingungen erreicht werden würde. Dieses Vorgehen war berechtigt, denn die Motoren wiesen in der Serienfertigung gewisse Leistungstoleranzen auf, wie die Zeitschrift

Wartburg unterhalb der Wartburg: Der 311-0 mit Überführungskennzeichen. Gesellschaftliche Bedarfsträger holten ihre Autos in der Eisenacher Kammgarnspinnerei ab. Im Bild: Direktor Kurt Nagler (VEB Wasserwirtschaft Wernigerode) und Fahrer Robert Werner (l.)

„Kraftfahrzeugtechnik“ in einem späteren Testbericht festgestellt hat.

Knappe 16 Sekunden waren für das Beschleunigen von null auf 80 Stundenkilometer gemessen worden. Der Motor entsprach im internationalen Vergleich dem Standard der Zweitakthersteller. Bei den Leistungsdaten übertraf er die Motoren einiger Konkurrenten sogar (mit weiteren Nachweisen: Peter Kirchberg in „Plaste, Blech und Planwirtschaft“, 2. Auflage 2001, S. 214). 259.035 Exemplare aller Typen der Baureihe 311 wurden ausgeliefert. Knapp die Hälfte davon ging ins Ausland. 1965 lief die Produktion des 311 schließlich aus.

Heute ein Exot: das Cabrio

Im Westen ist das Wartburg-Cabrio ein äußerst seltener Exot, im Osten die sinnbildliche Erinnerung an die kreative Automobilbaukunst in Eisenach. Der Anblick des restaurierten 311-2 Cabrio ist Anlass zu heißen Diskussionen: „Was hätten ‚wir‘ erreichen können, wenn ‚die‘ uns gelassen hätten?“ Diese Frage erregt die Gemüter auch heute noch, zwei Jahrzehnte nachdem AWE seine Tore für immer geschlossen hat. Das „Wir“ steht für die Identifikation der Menschen in Ostdeutschland mit ihren ostdeutschen Autos, das „Die“ für die Betonköpfe in den früheren Entschei-

Originales Autoradio des Typs Schönburg. Es ist voll funktionsfähig.

Export-Cabrios für die USA hatten spezielle Chromstoßstangen.

Die Kabrioletts zählten zu den attraktivsten Wartburgmodellen. Das Restaurieren ist wegen der hochwertigen Fahrzeugausstattung besonders aufwändig.

Das Restaurieren und Regenerieren eines Stoffverdecks beherrschen nur ausgewählte Handwerkerbetriebe. Die Persenning ist mit wenigen Handgriffen abgenommen und das Verdeck nach vorne geklappt.

Abbildung des Kabrioletts aus einem Betriebshandbuch von AWE

Wartburg-Coupé bei der Rathaus-Rallye in Wernigerode

dungsgremien der sozialistischen Planwirtschaft. Das Cabrio wurde nur vier Jahre lang produziert. 2.670 Exemplare lieferte das Werk zwischen 1956 und 1960 aus. Etwa die Hälfte der gefertigten Cabrios ging in den Export. Die Montage der Cabrios erfolgte im Karosseriewerk Dresden (KWD), dem ehemaligen Gläserwerk. Nach optimistischen Schätzungen sind in Deutschland noch 30 Cabrios fahrbereit. Der Gebrauch der roten Oldtimer-Kennzeichen macht eine konkrete Festlegung jedoch schwierig. Nach Recherchen der Rostokker Ostsee Zeitung, verfügten 2005/2006 mindestens vier Cabrios über eine reguläre Straßenzulassung. Inzwischen sind weitere Fahrzeuge dazugekommen.

Weitere offene Versionen des Wartburg waren der 313 Sport und die 311/312 HT. Der 311 HT kam erst 1965 heraus. Die Produktion wurde kurz darauf wieder eingestellt und im selben Jahr durch den 312 HT ersetzt. In der Systematik der Typengeschichte sah AWE in den

Das Coupé bekam ebenfalls, wie alle anderen Typen, ab 1962 den 1000er-Motor eingebaut.

Das Wartburg-Coupé galt in der DDR als elegante Art der automobilen Fortbewegung.

Gewohnt geräumig: Der Innenraum bietet trotz der zwei Türen viel Platz.

Die gewölbte Panorama-Heckscheibe war ein Import aus der Bundesrepublik.

Hardtopmodellen keine Nachfolger für das Cabrio, sondern eigenständige Modelle (siehe Kapitel über den Wartburg 312).

Das Coupé für den Export

Die Coupé-Variante erfüllte zeitgenössische Kundenwünsche aus dem Ausland. Seine Karosserie wurde im Karosseriewerk Meerane hergestellt. Die Technik entsprach weitgehend der der Limousine. Zugelassen war das Coupé zunächst für vier Personen, später für fünf. Das grundsätzlich zweifarbige Reise-Coupé mit der großen Panorama-Heckscheibe und den vollversenkbaren Seitenscheiben galt als Nachfolger des Cabrios.

Nach der Modellpflege kam das Reise-Coupé ab 1962 mit dem leistungsgesteigerten Motor auf den Markt. Die gewölbte Panorama-Heckscheibe wurde zunächst aus der Bundesrepublik importiert. Dann ging der Auftrag für die Heckscheibe an das Glaswerk Torgau. Dieser Betrieb war aber nur noch in der Lage, die Heckscheibe in einer dreiteiligen Ausführung zu fertigen. Zuletzt wurden vorne die kleinen Dreiecksfenster eingespart.

Als „sportlich“ und „elegant“ bezeichnete die Werbung das Coupé aus Eisenach.

Das Karosseriewerk Meerane fertigte die Karosserie und endmontierte das Coupé.

Abbildung des Coupés in der Wartburg-Betriebsanleitung, hier mit altem Ziergitter

Sportliches Fahren war kein Widerspruch zum Sozialismus. Sport stand für den Erfolg.

Wartburg in der Kombi-Version (Dreitürer)

Besonderheit beim Wartburg 311/9 Kombi: Holzbeplankung des Fahrzeughecks. Hier in der Ansicht von unten auf die Holzplanken unter dem Kofferraumboden.

Seltene Schönheit: der Bellevue

Eine Besonderheit in der Werksgeschichte von AWE ist der Bellevue. Er hatte über der hinteren Sitzbank ein Klappverdeck und über den Vordersitzen ein zwischen A- und B-Säule fest installiertes Dach aus Plexiglas. Die Karosserie des Bellevue war, wie die des Wartburg-Kombi 311/9, im VEB Karosseriewerk Halle auf das Wartburg-Fahrgestell montiert worden. Zum ersten Mal der Öffentlichkeit gezeigt wurde diese automobile Seltenheit auf der Leipziger Frühjahrsmesse 1957. Anlässlich seines Messerundganges setzte sich der damalige Ministerpräsident der DDR Otto Grotewohl hinter das Lenkrad und äußerte sein Gefallen an diesem Baumuster. Doch obwohl der Bellevue sich dieses hochpolitischen Rückenwindes erfreuen durfte, wurden nur zwei Prototypen gebaut. Keiner der Prototypen ist erhalten geblieben.

Das Lifestylemodell: der Camping

Ungemein populär gewesen ist der Wartburg 311-5. Heute würde man ihn als Lifestyle-Kombi bezeichnen. Seine Karosserie bildete damals ein absolutes Alleinstellungsmerkmal. Der Camping war ein geräumiger, lichtdurchfluteter Kombi mit fünf Türen. Über der Ladefläche befand sich ein Schiebedach, die hinteren Seitenscheiben gingen in die nach innen gezogenen Dachlinien über. Dazu wurden gebogene Scheiben eingezogen, ähnlich wie bei einem Land Rover. Allerdings mussten diese für das markante Aussehen des Fahrzeugs so wichtigen Scheiben aus Westdeutschland importiert werden. Die allerersten Scheiben mit Wölbung reichten durchgehend von der Dachkante bis knapp oberhalb der Gürtellinie. Bei späteren Modellen teilte die Scheibe oben ein Steg.

Der Camping drückte ein neues Lebensgefühl aus. In beiden Teilen des Nachkriegsdeutschlands hatte sich die Lage stabilisiert, die Menschen in Ost und West waren zu bescheidenem Wohlstand und Lebensstandard gekommen. Dazu gehörte auch die Freizeitgestaltung, im Osten wie im Westen. Wenn es keine Hotelplätze gab oder wenn sie zu teuer waren, verbrachten die Menschen ihre Freizeit auf dem Campingplatz. Und genau dafür war der Camping bestens geeignet. Deshalb hieß er – Camping. Er bot Platz und – besonders wichtig für Reisen – die Sitze ließen sich zu einem komfortablen Doppelbett umklappen. Zumindest versprach das die Werbung. Wer sich auch nur ein einziges Mal in der DDR ohne Voranmeldung auf die Suche nach einem Hotelzimmer gemacht hat, wird das Schlafangebot im Camping zu schätzen wissen. Das Auto war ein Traum. Tatsächlich konnten die meisten Menschen in der DDR auch nur von diesem Auto träumen, wegen des Kaufpreises und der langen Lieferzeit.

Die Langzeitwirkung utopischer Forderungen

1958 müssen die Mitarbeiter von AWE gedacht haben, sie trifft der Schlag. Die übergeordnete Vereinigung Volkseigener Betriebe (VVB) Automobilbau verlangt eine Produktionssteigerung auf 31.000 Wartburg-Einheiten gegenüber dem laufenden Plan für 1958 mit 24.000 Einheiten bzw. dem ursprünglichen Plan für 1959 von 27.000 Einheiten. Gleichzeitig reduziert die VVB ihre Zusagen für Investitionen um Zweidrittel. Von diesem Einschnitt hat sich das Eisenacher Automobilwerk nie erholt. Das glauben zumindest Insider. Denn damals ist der Wartburg auf der Höhe der Zeit. Auch im westlichen Ausland ist er konkurrenzfähig. Dort ist er in Automobilkatalogen wie selbstverständlich gelistet.

Durch den verordneten Paradigmenwechsel wird Eisenach zukünftig immer den Planvorgaben hinterherlaufen. Für Innovationen bleibt weder Raum noch Geld. Auch ein Eisenbahnanschluss – ein Gleis direkt ins Werk – wird nie verwirklicht. AWE wird zwar unermüdlich versuchen, mit den internationalen Standards mitzuhalten, aber das Werk wird nie die Erlaubnis bekommen, konkurrenzfähige Produkte zur Serienreife zu bringen. In dieser Situation bleibt Eisenach nur ein Ausweg zur Erweiterung der Produktionskapazität. Die Montage des Campings wird in das Karosseriewerk Dresden verlagert.

Auch der Wartburg 311/9 wird aushäusig fertiggestellt. Den Kombi montiert der VEB Karosseriewerke Halle. Der Dreitürer mit seitlich angeschlagener Hecktür und einzeln umlegbaren Rücksitzen ist auf einfache Funktionalität getrimmt. Das Heck ist ein Holzgerippe, das mit Blech beplankt ist.

Mit dem Herausgeben von Fahrzeugprospekten ging die Fahrzeugindustrie der DDR sparsamer um als ihre Mitbewerber im Westen. Im eigenen Land ist Werbung überflüssig gewesen. Die Nachfrage ist größer als das Angebot. Das harmonische Bild des DDR-Alltags, das die wenigen Prospekte neben den Fahrzeugdaten abbildeten, gab den Werbestrategen die Gelegenheit, den Bestimmungszweck des jeweiligen Fahrzeugs in den Fokus zu rücken. Models in leichter Bekleidung posierten neben dem Camping, in der Limousine und im Cabrio saßen distinguiert gekleidete Pärchen und mit dem Coupé fuhr man zum Reiten. So schön war die Wirklichkeit aber nicht. Wer ein Auto haben wollte, brauchte zu dessen Kauf eine Berechtigung. Der Fahrzeugneupreis bewegte sich – je nach Modell – zwischen eineinhalb und zwei Jahresgehältern ei-

Heute würde man den Wartburg 311 Camping als Lifestylemodell bezeichnen. Der Name war Programm. In dem Fünftürer konnte ein Pärchen bequem schlafen. Ein unschätzbarer Vorteil auf Reisen, da in der DDR kaum Übernachtungsquartiere zu bekommen waren.

DAS KAROSSERIEWERK DRESDEN (KWD)

1864 gründet Carl Heinrich Gläser die Werkstätte für den Bau von Kutschenwagen und Pferdeschlitten. Die Qualität ist hervorragend, sodass Gläser bereits ein Jahr später Aufträge vom Königlichen Marstall und vom Königlichen Oberstallamt in Dresden erhält. 1898 wird Friedrich August Emil Heuer Mitinhaber, der die Firma ausbaute.

Die erste Automobilkarosse baut das Unternehmen im Jahr 1902 für Mercedes. Ab 1903 darf das Werk das Prädikat „Königlicher Hofwagenbauer" führen. Wer Geld hat und etwas auf sich hält, der kauft das Chassis beim Fahrzeug- und Motorenhersteller und lässt sich die Karosserie nach seinen Wünschen individuell aufbauen. Das ist damals relativ problemlos möglich, weil die Automobilkarosserie noch weitgehend Kutschenform hat. Man lässt sich fahren, der Kutscher ist zum Chauffeur avanciert. Den Wandel zur heutigen Karosserieform begünstigt die neue Mode des „Herrenfahrens": Man(n) fuhr selbst!

In den 30er-Jahren steht Gläser im Ruf, ein Spitzenhersteller für Cabrio-Karosserien zu sein. Im 2. Weltkrieg baut das Werk Rüstungsgüter, u. a. die Lafetten für die Bordkanone der Messerschmidt Bf 109 und die Gondeln für die Triebwerksaufnahme der Me 262. Damit ist die Firma ein nach dem Besatzungsrecht zu verstaatlichender Betrieb. Die DDR übernimmt das Gläser-Karosseriewerk als VEB Karosseriewerk Dresden (KWD). Neben AWE arbeitet der Betrieb auch für die Zwickauer Automobilindustrie. Für sie stellen die Dresdner die Karosserien des F8 und des P240 her.

AWE bringt die Fahrgestelle mit Motor und Getriebe des Cabrios 311/2, des Volkspolizei-Einsatzfahrzeugs 311/4, der Camping-Limousine 311/5 und des Wartburg Sport 313/1 nach Dresden. KWD komplettiert sie mit Karosserien. 1967 liefert das Werk an AWE die letzte Ersatzkarosserie für ein Cabrio aus.

1994 wird das Karosseriewerk privatisiert. Nach mehreren Umstrukturierungen ist das traditionsbewusste Unternehmen an drei Standorten (Dresden, Wolfsburg und China) als Zulieferer für die Automobilindustrie präsent. Die Karosseriewerke Dresden GmbH ist heute in Dresden in der nach dem Firmengründer benannten Straße Heinrich-Gläser-Straße 20 ansässig. Die Liste der Fahrzeughersteller, für die Gläser Karosserien produziert(e), liest sich wie ein Who is Who der internationalen Fahrzeugindustrie.

nes normalen Arbeitnehmers. Der Kraftstoff war teuer, sodass sich der Normalverdiener seine Fahrten überlegen musste. Tempolimits auf der Landstraße (80 km/h) und Autobahn (100 km/h) entschleunigten das Vorankommen. Und das Reisen bedurfte der langfristigen Planung, insbesondere wenn eine Landesgrenze passiert werden sollte. Aber all das tat der Begeisterung für das Automobil keinen Abbruch. Im Gegenteil: Je schwieriger etwas zu haben ist, desto reizvoller ist es.

Tatsächlich zielten die Prospekte und Produkte aus Eisenach immer auch auf den Export. Und der lief damals nicht schlecht. Ein altes Schwarzweißfoto, aufgenommen im Gegenlicht, zeigt den Betriebsdirektor Martin Zimmermann bei der Übergabe des 10.000. Wartburgs an die finnische Wartburg-Vertretung in Helsinki. Die Menschen im eigenen Land mussten die Exporterfolge mit langen Wartezeiten auf ihren Wartburg bezahlen. Andererseits gab es damals durchaus potente Privatkunden in der DDR, die über die Finanzkraft verfügten, sich einen neuen Wartburg zu kaufen. Genauer gesagt, die sich eine ablaufende Berechtigung zum Bezug eines Neuwagens kaufen konnten.

Der Wartburg 313 war ein Prestigeobjekt. Er erreichte 140 km/h, allerdings erst nach langem Tüfteln der Konstrukteure. Er war um ein Vielfaches teurer in der Herstellung als andere Wartburg-Typen. Aber das Modell zeigte, was die Eisenacher zu leisten imstande waren.

NETTE UND WENIGER NETTE GESCHICHTEN UMRANKEN DEN SPORTWAGEN 313/1.

Wartburg 313/1: das attraktive Sport-Coupé

Dieses Auto war der Hit, und auch heute ist es ein Eyecatcher. Die Marktlage ist identisch, damals und heute: Wer vor über 50 Jahren einen Wartburg 313/1 haben wollte, der bekam ihn nicht. Wer ihn heute haben will, der bekommt ihn – auch nicht. Vor einem halben Jahrhundert war die Produktionsrate so gering, dass die meisten Interessenten leer ausgingen, und heute geben ihn die wenigen Besitzer, die einen haben, nicht mehr her. Das Sport-Coupé war eine eigenständige Neuentwicklung der Eisenacher Automobilwerke. Der Wartburg 313/1 zeigt, wozu die Autobauer im Osten fähig waren. Aber kein anderes Baumuster bereitete AWE so viel Kummer wie dieses Prestigeobjekt.

Bild des Wartburg 313 aus einer Betriebsanleitung

Es gibt nur noch wenige Wartburgs 313. Mitunter werden sie sogar in verladenem Zustand zu den Treffen gebracht, wie hier nach Strahwalde.

Legenden umranken den Sportwagen. Einige werden wir hier erzählen: nette Geschichten und weniger nette Geschichten. Recht hübsch ist die Geschichte von den Geschwindigkeitstests. Denn der 313/1 sollte die seinerzeit magische Marke von 140 km/h knacken. Das war gar nicht so einfach. Zwei Testingenieure, so heißt es, hätten sich eines Tages daran versucht. Vergeblich. Als sie von den Testfahrten ins Werk kamen, an einem Sonnabendnachmittag und ihren Misserfolg vermeldeten, habe sie der Werksdirektor wieder auf die Autobahn geschickt. Feierabend sei erst, wenn das Problem gelöst ist. Dabei hatte AWE als erster Betrieb im Automobilbau die 45-Stunden-Woche eingeführt.

Der Wartburg 313/1 ist das attraktivste Fahrzeug aller Wartburg-Baureihen. Das Modell weicht in wesentlichen Features von den einheitlichen Wartburg-Plattformen ab. Das Sport-Cabrio gilt als die formschönste Neukonstruktion aus Eisenach in der DDR-Ära. Das Design dieses tief bauenden Zweisitzers ist zeitlos schön: durch die langgezogene Motorhaube mit Ziergitter, die seitlichen Luftschlitzandeutungen, den gefälligen Instrumententräger und das originelle Lenkrad mit unterschiedlichen Durchmessern ober- und unterhalb der Querspeiche. Solide verarbeitete Ledersitze demonstrieren noch heute den gehobenen Anspruch, den die damaligen Konstrukteure mit diesem Auto verbanden.

Der 313/1 war nicht nur ein Auto für den Verbraucher, er war auch ein Prestige-Objekt. Die nach Entwürfen des legendären Eisenacher Konstrukteurs Hans Fleischer gestaltete Karosserie erhielt bereits auf der Leipziger Frühjahrsmesse 1957 eine Auszeichnung für die gelungene Formgebung. Auf Messen posierten hübsche Models in gänzlich unsozialistischer Manier an und auf diesem Ausnahmeauto. Ein Highlight der damals geschossenen

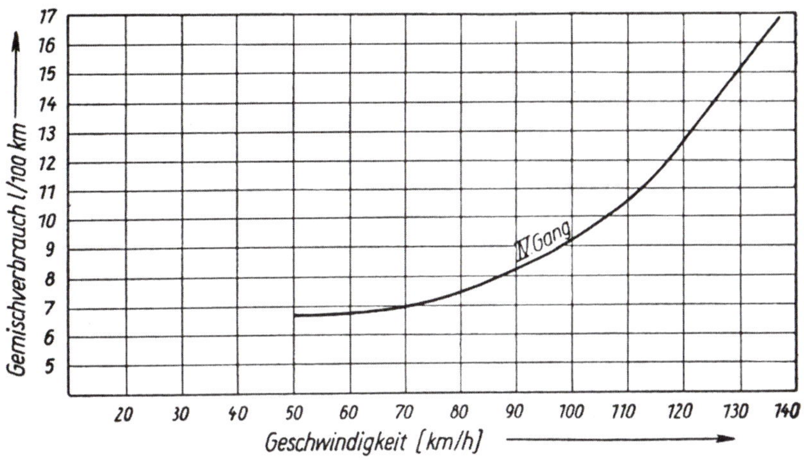

Landstraße 80 km/h, Autobahn 100 km/h – das waren die Tempolimits in der DDR. Dabei war der Kraftstoffverbrauch moderat. Aber darüber wurde es teuer, auch wenn man sich nicht von der Verkehrspolizei erwischen ließ. Bei 140 km/h verbrauchte der Wartburg 313 doppelt so viel Benzin wie bei 90 km/h.

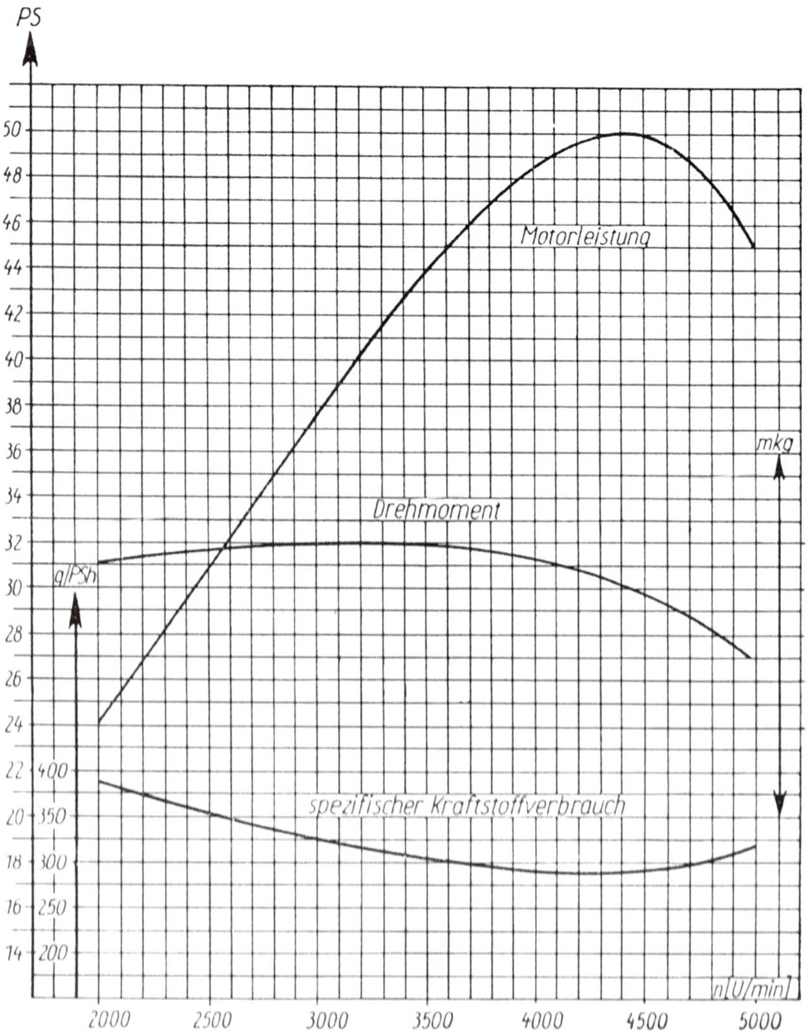

Motorkennlinien

Präsentationsfotos entstand auf der IAA 1959. In Frankfurt am Main ließ sich die damals bundesweit bekannte Ansagerin des Hessischen Fernsehens Uschi Siebert mit dem Sport-Coupé abbilden. Ein unglaublicher Prestigegewinn für das Auto.

Kinderkrankheiten

Zur Leipziger Frühjahrsmesse 1957 ist der Sportwagen gerade noch rechtzeitig fertig geworden. Erst am Abend vor dem Beginn der Ausstellung werden die beiden Prototypen mit einem Lkw angeliefert. Die Autos sind fahrbereit, aber noch nicht erprobt. Die erste Testfahrt ist die Heimreise nach Eisenach auf eigener Achse. Mitte 1957 läuft die Serienproduktion an. Ein Jahr später schrammt AWE haarscharf an einem Desaster vorbei: Die Präsenz des Wartburg 313/1 in Leipzig wäre beinahe ins Wasser gefallen. Das (Ost-)Deutsche Amt für Material- und Warenprüfung (DAMW) weigert sich, dem Auto das Qualitätssiegel zu verleihen. Dieses Attest ist für Serienprodukte aus der DDR die Voraussetzung für deren Präsentation auf der Leipziger Messe. Das Auto leidet immer noch unter einigen Kinderkrankheiten. Die Wasserpumpe lässt sich nicht vollständig entleeren, die Elektrik funktioniert nicht einwandfrei, die zwei Vergaser sind nicht richtig abgestimmt und auch die Frontscheibe aus Piacryl-Kunststoff findet keine Gnade bei den Prüfern. Besonders peinlich: Der Testwagen erreicht keine 140 km/h.

Endlich erreicht: 140 km/h

Im Januar 1958 läuft es besser. AWE hat nachgelegt. Front- und Heckscheibe sind aus Sicherheitsglas. Die Firma Sekurit in Westdeutschland stellt die Scheiben her, sie werden von der DDR importiert. Die übrigen Kritikpunkte sind abgestellt, mit einer Ausnahme: Der 313 läuft immer noch keine 140 km/h. Dennoch erhält er das Gütesigel für die Leipziger Frühjahrsmesse. Es dauert noch bis zum August 1958, dann bestätigt die Kraftfahrzeugtechnische Anstalt im Typgutachten die V_{max} von 140 km/h. Durch eine Zweivergaseranlage (zu einem gemeinsamen Ansaugraum führend, zunächst in V-förmiger und später in paralleler Ausführung), zwei getrennte Ölsieb-Luftfilter und geänderte Steuerzeiten von 75° auf 78,5° KW kitzelten die Eisenacher aus dem Motor 50 PS heraus. Diese Motorleistung und ein modifiziertes, im dritten und vierten Gang länger übersetztes Getriebe bringen den 313 endlich auf eine Höchstgeschwindigkeit von 140 km/h. Eine wichtige Geschwindigkeitsmarke war damit erreicht, nur wenige Automobile erzielten Ende der 50er-Jahre diese Höchstgeschwindigkeit.

Das aus Stahlblech gefertigte Dach lässt sich abnehmen. Bei der zweisitzigen Variante war gegen Aufpreis hinter den Rücklehnen ein Faltdach installiert. Bei der Variante mit zwei Notsitzen musste darauf verzichtet werden. Es scheinen diese individuellen Besonderheiten, die dieser Baureihe Glanz verliehen haben. So musste sich bei dieser reinen Hardtopausführung der Fahrer vor jeder Fahrt die Frage stellen, ob er „oben ohne" fährt – mit allen Konsequenzen, die sich bei einem unerwarteten Wetterwechsel ergeben! Die Wettervorhersage war damals nicht so zuverlässig wie heute.

PREIS (MÄRZ 1957) *)

Modell	Preis (Mark)
Wartburg 313 Sport	18.800,–

*) Preise nach: Fahrzeuglexikon Wartburg, Jürgen Lisse, Bildverlag Böttger GbR, 1. Auflage 2007, Witzschdorf

Kosmetik an der Karosserie: kilogrammweise geschwemmt

Die Nachfrage nach dem Wartburg Sport 313/1 ist größer als das Angebot. In der DDR konnte das Modell nur von einer kleinen Käuferschicht erworben werden. Der Aufwand beim Produzieren der Karosserie ist um das 20-fache höher als bei der Wartburg-Limousine gewesen. Über den Verkaufspreis lässt sich der Aufwand kaum hereinholen. Ökonomisch ist das nicht, aber AWE braucht so ein Auto als

Werbeträger auf dem internationalen Parkett. Damit AWE mehr Limousinen bauen kann, wird die Produktion des 313/1 im Oktober 1958 ins Karosseriewerk Dresden (KWD) verlagert. 269 Einheiten und drei Prototypen hat Eisenach bis dahin hergestellt. Dresden erledigt zukünftig das Anpassen der Rohbauteile, das Lackieren und die Endmontage. So lautet der Plan. Denn das ehemalige Karosseriewerk Gläser hat im Karosseriebau Erfahrung. Dort wird bereits das Wartburg Kabriolett des Typs 311/2 gebaut. Was aber nicht viel zu sagen hat, denn auch die Cabrios sind nicht unbedingt das Ergebnis dessen, was man unter einer extensiven Serienfertigung versteht.

Weniger nett ist diese Geschichte: KWD stößt beim 313/1 auf Schwierigkeiten beim Abdichten der Hardtops und beim Einpassen der Türen. Bei der Dichtigkeitsprüfung sind Wassereinbrüche die Folge. Die Dresdner müssen nachbessern. Eine Aufgabe für die „Schwemmer", wie die Karosserieklempner heißen. Sie schwemmen Formabweichungen durch das Auftragen von Zinn auf. Einer von ihnen erinnert sich: „Beim Sportwagen wurde das Zinn kilogrammweise im Bereich der hinteren Hardtopauflage aufgeschwemmt …" (zitiert nach: sportlich schnell schön, 50 Jahre Wartburg Sportwagen, Lars Leonhardt/Michael Schubert, Verlag Kraftakt, Reichenbach, 2007).

Notlösung: zurück nach Eisenach

Früher hatte das Karosseriewerk in Dresden (KWD) einen legendären Ruf. Damals, als der Betrieb noch unter dem Namen Gläser lief. Ein Name mit einem Klang, der bis in die Gegenwart reicht. Doch nach dem Krieg wird das Werk seinen früheren Ansprüchen nicht mehr gerecht. Die Ursachen sind nie untersucht worden, warum ausgerechnet diese Firma mit der Planwirtschaft, den Produktwechseln und der Republikflucht der Facharbeiter noch weniger klar kam als andere. Vielleicht ist der Traditionsbetrieb mit dem Übergang von der Manufaktur zur Serienfertigung nicht zurechtgekommen. Erst 1963 weht mit einem neuen Werksleiter ein frischer Wind durch den Betrieb. Für den Wartburg 313/1 kommt der Umschwung zu spät. Bereits Anfang 1960 hat AWE die Montage des Sportwagens zurück in den Thüringer Wald geholt. Zu oft mussten die Qualitätsprüfer aus Eisenach in Dresden die Abnahme der Fahrzeuge verweigern.

1960 werden die letzten Wartburgs 313/1 gebaut. An Nachfolgemodellen wird zwar gearbeitet, in Serie gehen sie nie. Die meisten Fahrzeuge hat AWE über die Außenhandelsorganisation exportiert, darunter sogar einige Exemplare in die USA. In Westdeutschland feierte dieses Auto öffentlichkeitswirksame Auftritte, die man sich im Lichte des Ost-West-Gegensatzes heute kaum vorstellen kann (mit Nachweisen: Meilensteine aus Eisenach, von Werner Reiche und Michael Stück, Schrader Verlag, 1. Auflage 2003, Seite 122). Insgesamt wurden von 1957 bis 1960 nur 469 Fahrzeuge dieses Typs ausgeliefert. Wie viele davon heute noch fahrbereit sind, ist unbekannt. Fahrbereite Exemplare gelten als so gut wie unverkäuflich. Deshalb warten Kaufwillige auch heute meistens vergeblich auf einen 313/1.

Zwischen den Epochen

Dem Volk zeigte die Entwicklung des Wartburg, dass es im Land aufwärts ging. Mobilität und Automobil symbolisierten den wirtschaftlichen Aufschwung. Wer Geld hatte, etwas auf sich hielt und ein (ost-)deutsches Auto wollte, kaufte sich einen Wartburg. So hob man sich von der Masse der Trabantfahrer ab.

Schnittzeichnung durch den Motor. Die Kolbenbolzen sind nadelgelagert.

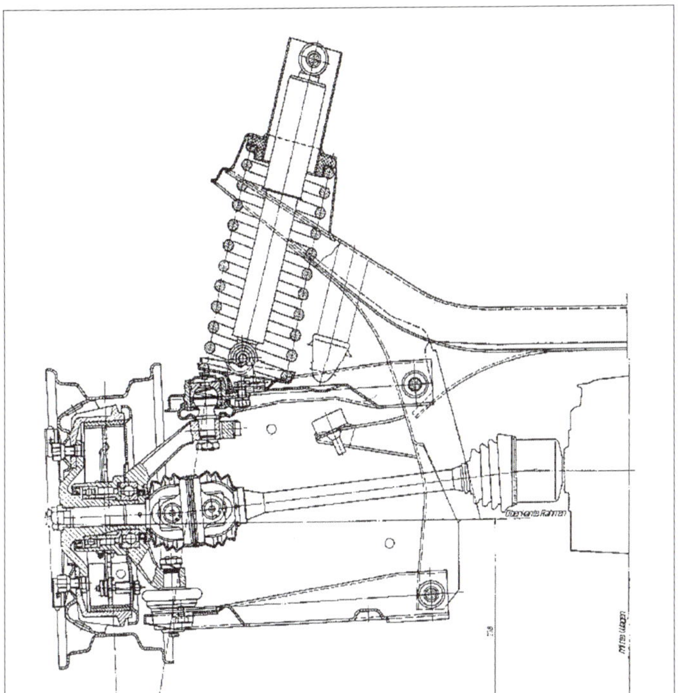

Schnittzeichnung der Vorderachslagerung des Wartburg 353 mit Bremstrommel und dem sog. „Zwittergetriebe"

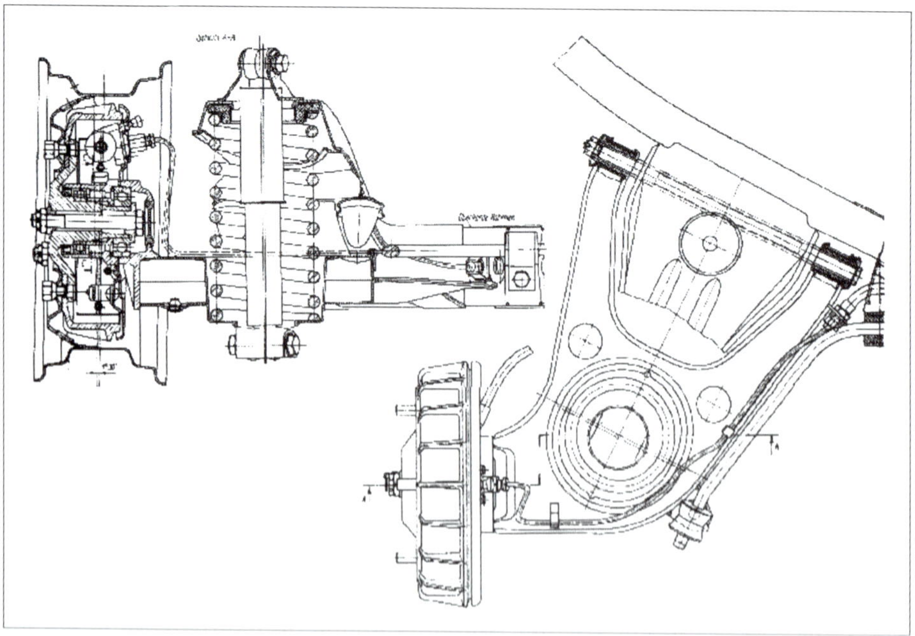

Schnittbild durch die Hinterachsaufhängung

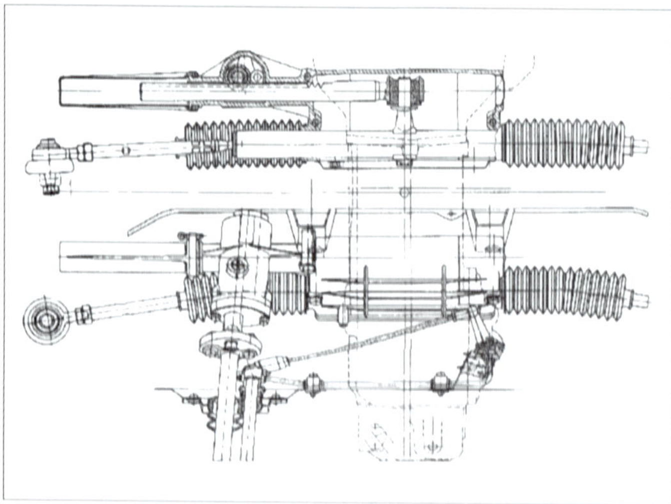

Lenkung des Wartburg 312

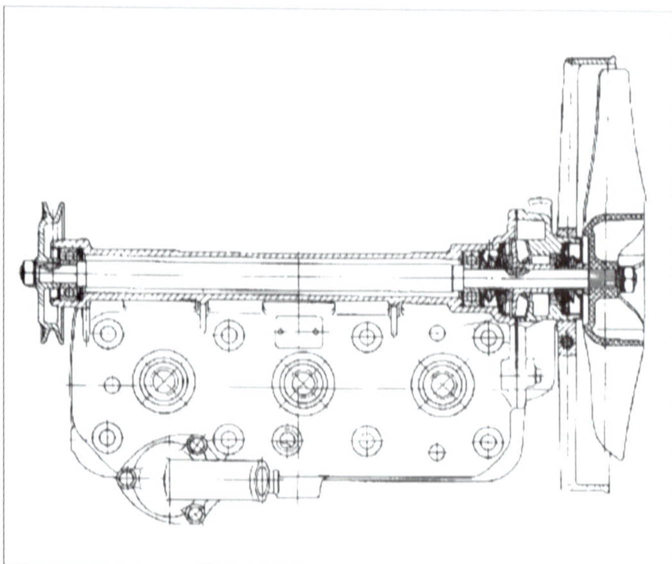

Schnittzeichnung der Lüfterwellenlagerung: Hinten beim Lüfter ist die Kühlmittelpumpe untergebracht.

Stufenanlauf: die Interimstypen

Im Rückblick darf die Epoche der 311-er Produktion als die glücklichste Zeit des Automobilwerks in Eisenach gelten. Die Autos waren zeitgemäß: technisch und optisch. Es herrschte Aufbruchstimmung. Doch die wirtschaftlichen Rahmenbedingungen zwangen zur Rationalisierung und Vereinheitlichung. Weil sich die DDR-Wirtschaft die abrupte Einführung neuer Modelle weder finanziell noch strukturell leisten konnte, erfolgte der Übergang zum neuen Baumuster fließend: euphemistisch Stufenanlauf genannt.

Beim Übergang vom Wartburg 311 zum Wartburg 353 entstanden die sogenannten Interimstypen. Eine Bezeichnung, die erst in der Rückschau geprägt wurde, im Lichte der Eisenacher Produktentwicklung. Der Kreis der so bezeichneten Typen ist deshalb nicht eindeutig definiert. Mitunter werden auch schon die Wartburgs 311 zu den Interimstypen gezählt, die ab 1962 mit dem 992-cm^3-Motor ausgeliefert wurden.

Die Baureihe 312 markiert den Übergang zum Wartburg 353. Die Entscheidung, den 353 zu bauen, fiel Mitte 1964, also noch vor Einführung des Wartburg 312 im Jahr 1965. Die Baureihe des Wartburg 312 bestand aus der viertürigen Standard-Limousine 312/0, der viertürigen Luxus-Limousine 312/1, der fünftürigen Camping-Limousine mit Faltdach (312/5), dem zweitürigen Hardtop-Coupé (HT) und dem Kombi mit oben angeschlagener Hecktür. Die Limousine, den Camping und den Kombi gab es in der Standard- und in der de-Luxe-Variante.

Generell verbessert: die Baureihe Wartburg 312

1. September 1965: In Eisenach läuft ein neuer Wartburg vom Band! Werksintern ist er das Baumuster 312, in einigen Werbeprospekten heißt er weiterhin „Wartburg 1000". Wie sein Vorgänger, der Wartburg 311 mit dem „1000er-Motor". Dass in den Prospekten nicht mehr der Wartburg 311 mit dem „1000-er" Motor gemeint ist, sondern tatsächlich der Wartburg 312, erkennt man bei der genauen Durchsicht der Fahrzeugdaten in den Werbetexten. Erst allmählich scheint sich die Erkenntnis durchgesetzt zu haben, dass das neue Baumuster eine eigenständige Bezeichnung verdiente. Unter dem Blechkleid hatte sich einiges geändert.

WARTBURG 1000 ★ Kombiwagen Standard

Ein Laderaum bis zu 1635 mm Länge, von 1250 mm Breite und 880 mm mittlerer Höhe und eine Ladefähigkeit bis zu 420 kg Nutzlast – das sind die Hauptdaten von der Transportkapazität des WARTBURG 1000-Kombiwagens Standard. Dieser Wagen ist jedoch nicht nur reines Zweckfahrzeug, das zum Einsatz als Schnelltransporter für den Betrieb oder im Beruf zur Verfügung steht. Als Kombiwagen weist er auch alle Merkmale und Eigenschaften des vollwertigen Automobils für die Freizeit mit der Familie auf. Fünf Personen fahren bequem in diesem praktisch ausgestatteten WARTBURG 1000. Hinter den Sitzen faßt der große Stauraum das gesamte Reisegepäck. Soll der Wagen als wirtschaftlicher Transporter verwendet werden, lassen sich die Rücksitze so umklappen, daß eine ebene, strapazierfeste Ladefläche entsteht. Die große, um die Dachkante nach oben aufschwenkende Hecktür gibt den Laderaum frei im WARTBURG 1000-Kombiwagen.

WARTBURG 1000 ★ Kombilimousine de Luxe

Sie erfüllt als Zweisitzer hervorragend vielfältige Transportaufgaben. Außerdem ist sie das besonders komfortable, fünfsitzige Familienfahrzeug mit dem Ausstattungsniveau der WARTBURG 1000-Limousine de Luxe. Dazu gehören u. a. auch Kunstlederausschlag, Stoffbezug der Sitze und Bouclèteppiche. Die Sitze lassen sich leicht in eine bequeme, weich gepolsterte Doppelliege verwandeln. Vielseitigkeit, hoher Komfort und praktische Innenausstattung charakterisieren diesen Kombiwagen de Luxe als modernen Stationwagen mit allen technischen Vorzügen der neuesten WARTBURG 1000-Konstruktion.

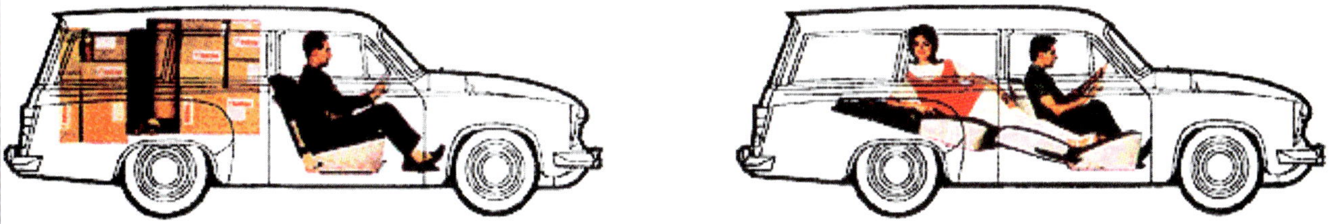

Prospektauszug für den Kombi: Die Bezeichnung „Wartburg 1000" wurde aus Gründen der Werbung auch beim Modellwechsel vom Baumuster Wartburg 311 zum Baumuster Wartburg 312 beibehalten.

Äußerlich unterscheiden sich die beiden Baumuster nicht. Fast nicht. „Bei der neuen Konzeption (…) wurde (…) die generelle Verbesserung der Fahreigenschaften und damit die Erhöhung des Fahrkomforts sowie die weitgehende Wartungsfreiheit einer Formänderung vorgezogen", schrieb Dipl.-Ing. Horst Ihling 1965 in der Zeitschrift „Illustrierter Motorsport" (Ausgabe 18/1965): „Die Karosserie mit der elektrischen Anlage wurde übernommen …" Ihling war damals im Management des Eisenacher Automobilwerks beschäftigt.

Werbung: „Zwei Takte voraus!"

Der Motor mit 992,8 cm^3 Hubraum und einer Leistung von 45 PS war seit dem 2. Januar 1962 eingebaut worden, damals noch in die Wartburgs mit der Baumusterbezeichnung 311. Der Öffentlichkeit hatte AWE das Triebwerk gleich auf der Leipziger Frühjahrsmesse präsentiert, in einem Wartburg mit der Bezeichnung „312" auf dem Heck (2). Es dauerte dann aber zweieinhalb Jahre, bis der Motor in einem Wartburg mit der neuen Baumusterbezeichnung 312 auf den Markt kam. Nur sieben Teile bewegen sich in diesem Motor. Unter der geöffneten Motorhaube können der „900er"- und der „1000er"-Motor an der Lage der Froststopfen unterschieden werden. Nur der 900er-Motor hat die beiden Froststopfen neben den Krümmerausgängen. Beim 1000er-Aggregat liegen die Froststopfen in einer tieferen Lage, unterhalb der Krümmerausgänge. Die Anzahl der Stehbolzen ist kein sicheres Unterscheidungskriterium, ob es sich um einen 900er- oder 1000er-Motor handelt: Alle Motoren mit zwölf Stehbolzen sind 900er-Motoren, aber nicht alle mit acht Stehbolzen sind 1000er-Motoren. Bereits ab Mai 1957 wurden 900er-Aggregate mit acht Stehbolzen (Stiftschrauben) eingebaut.

(2) Die Messepräsentation des Motors mit 992,8 cm^3 Hubraum und 45 PS Leistung in einem Wartburg mit dem Schriftzug „Wartburg 312" dürfte die Ursache sein, weshalb vereinzelt in der Fachliteratur das Jahr 1962 für die Einführung des Wartburg 312 angegeben wird. Vorauseilend hatte die Zeitschrift „Der Deutsche Straßenverkehr" in der Ausgabe 3/1962 den Wartburg 311 mit dem 1000-cm^3-Motor als „Wartburg 312" bezeichnet. Tatsächlich kam der Wartburg 312 aber erst im Jahr 1965 zur Auslieferung.

WARTBURG 1000 ★ Technische Daten

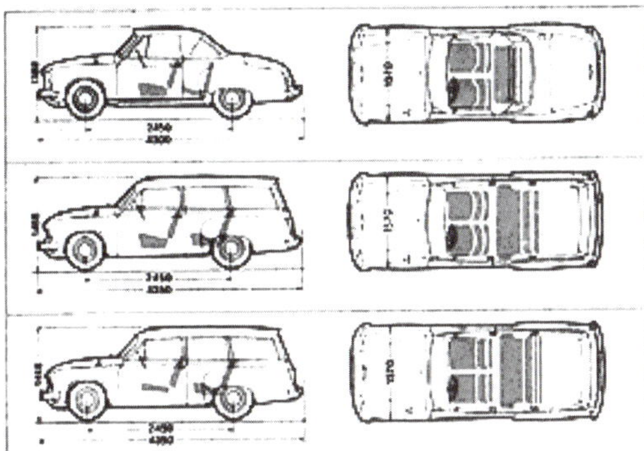

COUPE: Wassergekühlter Dreizylinder-Zweitaktmotor, 45 PS, max. Drehmoment 9,5 kpm, Einscheibentrockenkupplung, synchronisiertes Vierganggetriebe mit Freilauf (sperrbar), Einzelradaufhängung, Schraubenfederung, Bereifung 6.00×13, Radstand 2450 mm, Leermasse 905 kg, 125 km/h, 7,3 bis 9,5 l/100 km.

KOMBIWAGEN STANDARD: Wassergekühlter Dreizylinder-Zweitaktmotor, 45 PS, max. Drehmoment 9,5 kpm, Einscheibentrockenkupplung, synchr. Vierganggetriebe mit Freilauf (sperrbar), Einzelradaufhängung, Schraubenfederung, Bereifung 6.00×13, Radstand 2450 mm, Leermasse 1025 kg, Nutzlast 420 kg, 115 km/h, 8,2 bis 11 l/100 km.

KOMBILIMOUSINE DE LUXE: Wassergekühlter Dreizylinder-Zweitaktmotor, 45 PS, max. Drehmoment 9,5 kpm, Einscheibentrockenkupplung, synchr. Vierganggetriebe mit Freilauf (sperrbar), Einzelradaufhängung, Schraubenfederung, Bereifung 6.00×13, Radstand 2450 mm, Leermasse 1050 kg, Nutzlast 395 kg, 115 km/h, 8,2 bis 11 l/100 km.

– Änderungen technischer Daten vorbehalten –

Wartburg 1000: Die Reifendimension verrät das Baumuster. Die 13 Zoll-Räder wurden erst mit dem Wartburg 312 eingeführt.

Wartburg 312: Im Volksmund auch „Zwitter" genannt, weil er noch die Karosserie des Wartburg 311 hatte, aber schon das Schraubenfeder-Fahrwerk des Wartburg 353.

Wartburg 353 und 1.3

Beinahe wäre schon früher Schluss gewesen und der Wartburg 353 – nach kurzer Produktionszeit – in den Annalen der Automobilgeschichte verschwunden. Doch AWE drängte – mit Hilfe der Politik – die Konkurrenz vom Markt. Sonst würde am Ende der Wartburg-Geschichte ein anderes Kapitel stehen.

Komfort der Mittelklasse

1 LITER HUBRAUM, DAS BEDEUTETE MITTE DER 60ER-JAHRE NOCH ETWAS!

1. Juli 1966: In Eisenach rollt ein neues Auto vom Band. Die Freude ist ungeteilt, mit der das Land das neue Modell feiert. Noch hängen keine drohenden Wolken am Horizont. Das RGW-Auto ist ferne Zukunftsmusik, der Automobilstandort im Thüringer Wald ist sicher. Die neue Limousine heißt wieder „Wartburg 1000", mit der Ergänzung „Typ 353". Irgendwann wird niemand mehr vom „1000-er" sprechen, sondern nur noch vom Wartburg 353. Aber Mitte der 60er-Jahre hat die vierstellige Zahl einen gewissen Nimbus. Die „1000" grenzt den Wartburg deutlich ab von den Autos mit kleineren Hubräumen. Vor allem von dem einen Konkurrenzmodell, dem Trabant aus dem eigenen Land, dessen Typenbezeichnung in Anlehnung an den Hubraum nur dreistellig ausfallen kann („601"). Das Zahlenspiel war gewiss nicht gegen die Fahrer des Trabi gerichtet. Wenn überhaupt, dann gegen den ewigen Konkurrenten aus Zwickau. Der sollte vier Jahre später auch eine Rolle spielen, als es um die Existenz des Eisenacher Automobilstandortes ging.

Im Lichte des damaligen Automobilmarktes hatte die „1000" auch noch eine andere Bedeutung. Vor 50 Jahren hat es viele Autos mit weniger oder dem gleichen Hubraum gegeben. In der unteren Mittelklasse haben 1.000 cm^3 eine gewisse Bedeutung. Dort ordnen die Eisenacher ihre Automobile ein. In aller sozialistischer Bescheidenheit. Aus dieser Klasse kommt der Wartburg auch nicht raus, so lange er keinen größeren Hubraum und keinen Viertaktmotor vorweisen kann. Oder besser: So lange dem Wartburg diese Technik auf politische Weisung verwehrt ist.

Wartburg 353 Limousine

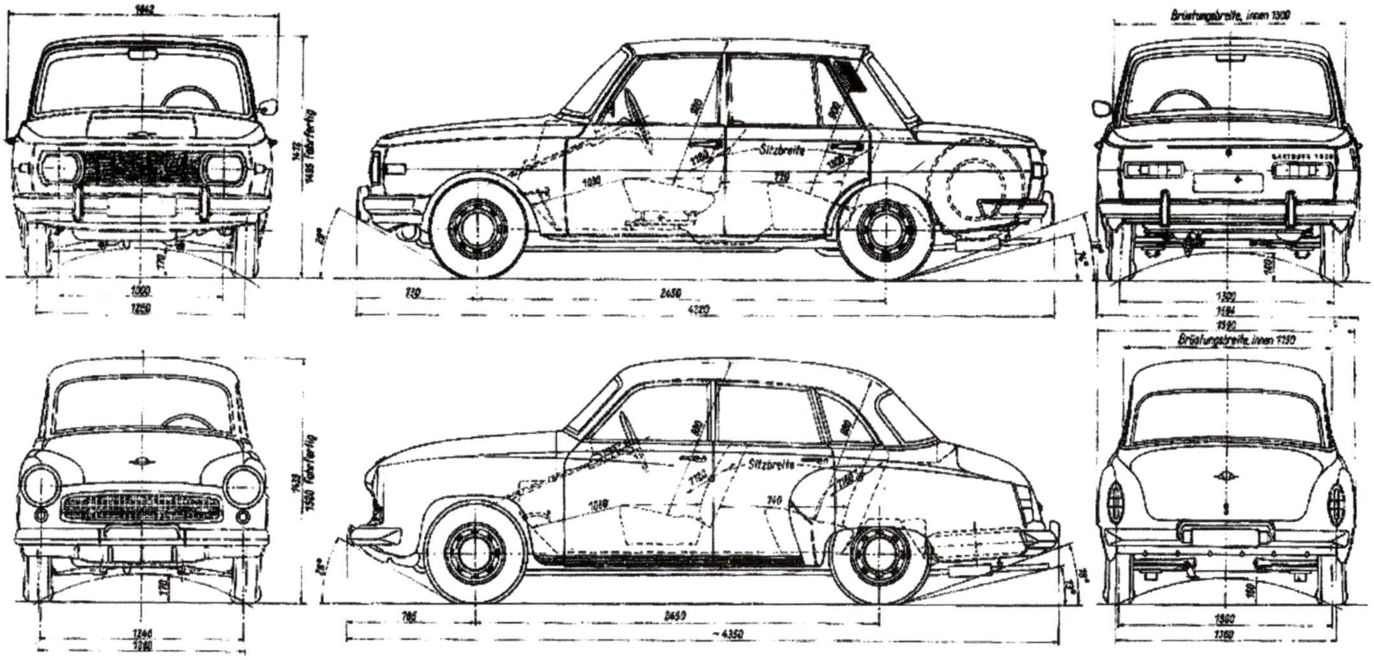

Größenvergleich zwischen den Wartburg Limousinen 312 und 353

Aber der Wartburg mit neuer Karosserie sowie dem Motor und dem Fahrgestell des 312 hat den Komfort und die Laufeigenschaften eines Mittelklassewagens. Und das machte ihn zu etwas Besonderem. Wer heute die Berichte in der Fachpresse liest, in denen der Wartburg 353 vorgestellt wurde, der staunt über die weitreichenden Überlegungen und Berechnungen, die in die Konstruktion dieses Autos mündeten. Bis zur Einstellung der Produktion wurde der 353 in Etappen und mit fließenden Übergängen modellgepflegt. In der Anfangsphase, als noch Komponenten des 312 wie dessen Getriebe und dessen 45-PS-Motor mit Fallstromvergaser verwendet werden, hieß das Stufenanlauf.

Abbildung des Wartburg 353 in der Betriebsanleitung für dieses Fahrzeug

Die neue Form: kürzer und geräumiger

Der Wartburg 353 ist 13 cm kürzer als der 312. Dennoch bietet er fünf Personen Platz. Durch die 13 Zoll-Räder fallen die Radkästen kleiner aus. Die Stirnwand konnte um drei Zentimeter nach vorne verlegt werden, die Sitzposition der Vordersitze ist um dasselbe Maß nach vorne gerückt. Selfa-Federn in den Rückenlehnen verringern deren Durchmesser um zwei Zentimeter. Die hintere Sitzbank wird ebenfalls um zwei Zentimeter nach vorn gerückt. Die Sitze sind mit Ebro-Formteilen und Polyurethanschaum aufgepolstert. Der Überzug besteht beim Standardmodell aus Zellwollstoff. Wollstoff wird in der Luxusausführung verarbeitet. Deren Rückenlehnen können in Kleinststufen bis in die Horizontale verstellt werden.

Neu ausgestaltet sind die Fußmulden und die Unterseiten der Vordersitze. Das Anheben der Dachrahmenkontur hebt die Einstiegshö-

Röntgendarstellung des Wartburg 353

Abbildung des Wartburg 353 Tourist in der Betriebsanleitung

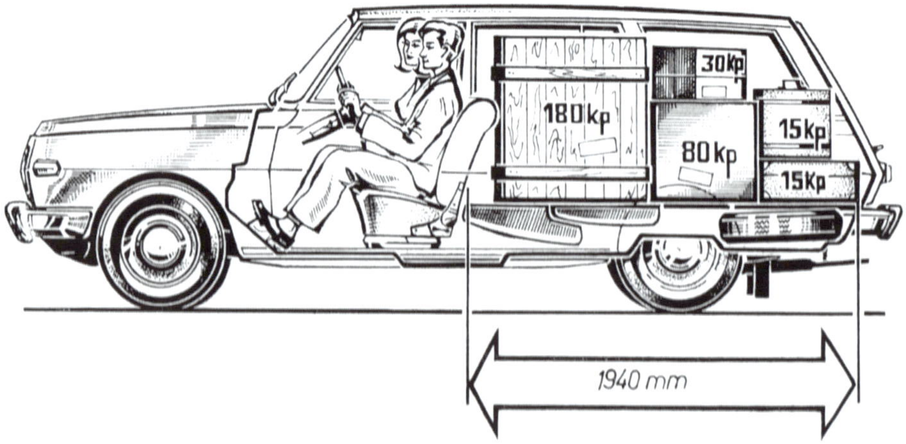

Der Wartburg 353 Tourist eignete sich auch als Transporter.

he um 2,0 cm. Die Fondseitentüren sind 14 cm breiter als beim Wartburg 312. Die Unterkanten der Türen sind um 4,5 cm angehoben, damit sie beim Ein- und Aussteigen nicht mehr gegen die Kantsteine schlagen oder über die Gehwegplatten schleifen.

Die hochgezogene Frontscheibe bildet zugleich den vorderen Abschluss des Daches. Durch das quaderförmige Heck ist der Kofferrauminhalt deutlich gestiegen. Die eckig wirkende Form der Karosserie ist Mitte der 60er-Jahre modern und zeitgemäß. Im Trend liegen gerade, klare Linien.

Die Instrumenteneinheit besteht aus einem Tachometer mit Horizontalskala, Kilometerzählern, Tank- und Kühlwasseranzeige sowie Kontrollleuchten für Ladestrom, Reflektorstellung, Fernlicht und Blinker. Neue Features sind die 12-Volt-Bordspannung, beladungsabhängig verstellbare Rechteckscheinwerfer, breite Kombinationsheckleuchten, elektrische Scheibenwaschpumpe und Geschwindigkeitsstufen für den Scheibenwischer.

Das Schaltbild der Lenkradschaltung wurde umgekehrt. Der erste und der zweite Gang liegen jetzt hinter dem Lenkrad, der dritte und der vierte Gang vorne am Instrumententräger. Die Schaltkulisse ist damit der internationalen Norm angeglichen worden. Die Zwangsentlüftung erfolgt durch Öffnungen in den C-Säulen, hinter denen beim Fahren die größte Saugwirkung entsteht. Die Belüftung ist so berechnet, dass bei 30 km/h innerhalb von zwei Minuten das komplette Luftvolumen erneuert wird.

Die Kombi-Version des Wartburg 353 hieß „Tourist".

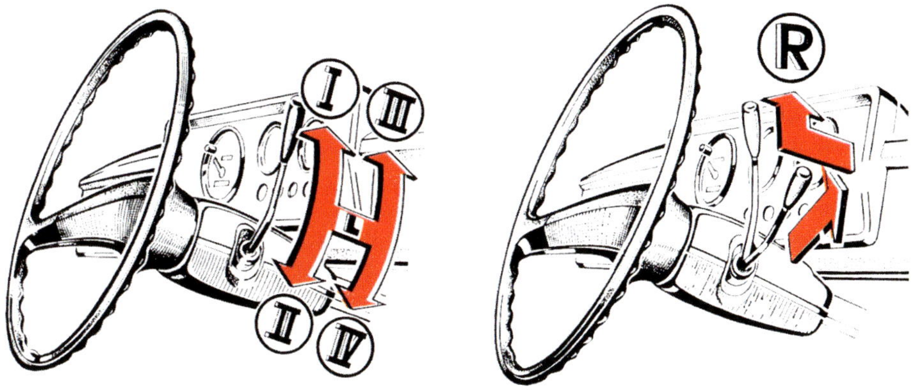

Schaltkulisse der Lenkradschaltung

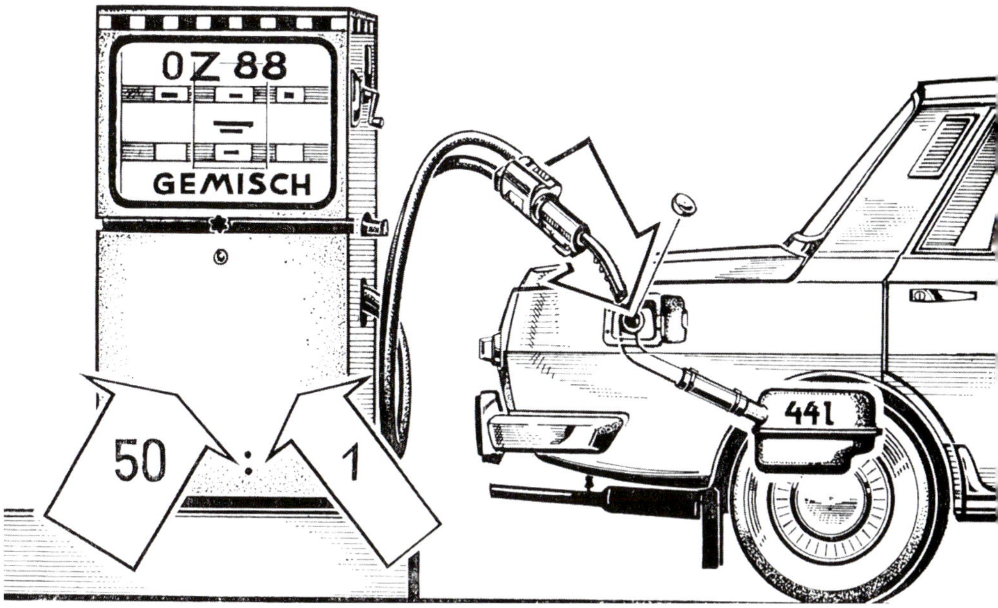

Der Tank des Wartburg 353 fasste 44 Liter des Kraftstoffs im Benzin-Öl-Mischungsverhältnis 50:1. Vorgeschrieben war der Kraftstoff OZ 88.

Den Kraftstoff- und Ölverbrauch verringerte der Fallstromvergaser BVF 36-F1-11 (Ansaugweite 36 mm). Er hat eine kraftstoffsparende Starteinrichtung und ein von der Drosselklappe gesteuertes Anreicherungssystem für den Volllastbereich. Diese sog. Zusatzeinrichtung bewirkt bei großer Drosselklappenöffnung mittels Beschleunigungspumpe die für eine hohe Leistungsabgabe erforderliche Anreicherung des Kraftstoff-Luftgemisches. Dadurch ist eine optimale Kraftstoffdosierung in allen Leistungsbereichen möglich. Die Zündanlage hat einen neuen eigengelagerten Nocken, der die drei Unterbrecher auf der Grundplatte steuert. Der Nocken ist nicht mehr mit der Kurbelwelle verschraubt.

Im Ansaugsystem sitzt im Luftfiltergehäuse eine Papierpatrone. Deren Filterwirkung ist besser als die des bisherigen Nassluftfilters. Ein Auswechseln der Filterpatrone wird nach 25.000 Kilometern fällig. Nach jeweils 10.000 Kilometern empfahl das Werk ein Ausklopfen des Filters.

Die Kraftübertragung vom Getriebe zu den Antriebsgelenken erfolgt über nadelgelagerte Tripode-Gelenkwellen. Sie lassen weite Beugungswinkel zu und sind hohen Belastungen gewachsen. Neu ist das lastabhängig arbeitende Bremskraftregelungsventil in der Bremsleitung zur Hinterachse.

Ab 1967 wird das lang erwartete vollsynchronisierte Getriebe eingebaut. Im gleichen Jahr kommt der Kombi mit der Typenbezeichnung „Tourist“ heraus. Dessen Hecktür klappt nach oben auf. Die Standardausführung wurde in Halle, die de-luxe-Version in Dresden endmontiert. Mit der Markteinführung des Tourist verschwinden der Wartburg 312 Camping und der Wartburg 311/9 Kombi aus dem Programm.

Ab 1968 bauen die Eisenacher in den Wartburg 353 optional ein Stahlschiebedach ein. Mit Hilfe des Fallstrom-Registervergasers BVF 40-F1-11 und einiger Verbesserungen im Ansaugtrakt erreicht der Wartburg-Motor ab dem Modelljahr 1969 50 PS. Das Modell erhält die Bezeichnung Wartburg 353/1. 1971 stellt AWE den 353/1 auf der Leipziger Herbstmesse mit Detailverbesserungen vor, darunter finden sich Gummihörner an den Stoßstangen und eine Nebelschlussleuchte. Interessant sind die Extras, die gegen Aufpreis gekauft werden können. Schalensitze, Knüppelschaltung, Halogen-Nebelscheinwerfer und eine Sonderlackierung in Mandarin-Effektfarbe geben Käufern die Möglichkeit, ihren Wartburg mit Applikationen auszustatten, wie sie auch im Westen üblich sind.

Es gelang noch eine weitere Leistungssteigerung auf 55 PS. Wartburg-Modelle mit dieser Maschine liefen unter der Bezeichnung 353/412 (Limousine) und 353/420 (Kombi). Ausgeliefert wurden sie allerdings nicht an jedermann, sondern nur an die Stasi. Diese Stasimodelle hatten einen 60 Liter fassenden Kraftstofftank, eine Drehstrom-Lichtmaschine sowie eine verbesserte Bremsanlage und einen verstärkten Unterboden. All die Feinheiten, die man fürs unauffällige Observieren braucht. Dennoch fiel es den Anwohnern meistens auf, wenn sich in ihrer Wohngegend unbekannte Wartburg-Autos rumdrückten. Vielleicht wäre die Stasi unauffälliger gewesen, hätte sie sich der Trabis bedient. Vielleicht wollte sie aber auch auffallen.

PREISE (JULI 1966)*

Modell	Preis (Mark)
Wartburg 353 Limousine Standard	16.750,–
Wartburg 353 Limousine de luxe	17.750,–

PREISE (SEPTEMBER 1967)*

Modell	Preis (Mark)
Wartburg 353 Tourist Standard	17.500,–
Wartburg 353 Tourist de luxe	18.500,–

*Preise nach: Fahrzeuglexikon Wartburg, Jürgen Lisse, Bildverlag Böttger GbR, 1. Auflage 2007, Witzschdorf

Die Wartburg-Produktion vor dem Aus

Anfang der 70er-Jahre kam Unruhe auf. Die Zukunft von AWE stand auf dem Spiel. Eisenach war drauf und dran, seine Bedeutung als Autostadt zu verlieren. Dass es anders kam, ist die Folge eines Machtkampfes, der auf der politischen Bühne ausgetragen wurde: Die Partei gegen den Staatsapparat. Der Sieger war die Partei, den Nutzen hatte Eisenach und Zwickau das Nachsehen. Es ging um das RGW-Auto. Der Pkw war eine Gemeinschaftsarbeit von DDR, CSSR und Ungarn. Er hätte das sozialistische Einheitsauto werden sollen, das die drei Länder aus Rationalisierungsgründen anvisierten. Die Vorlage über die Fahrzeugentwicklung war im Ministerrat beschlossen worden. An der Partei war das Vorhaben vorbeigelaufen. Kein guter Plan, um sich dort Freunde zu machen. Schon gar nicht in einem Land, in dem die Partei das erste und letzte Wort haben wollte. Um die Frage, wer das Sagen hat, ging es dann auch.

DAS RGW-AUTO WÄRE DAS AUS FÜR DEN EIGENSTÄNDIGEN AUTOMOBILBAU GEWESEN.

Eine Schlüsselrolle kam dabei Günther Mittag zu. Ausgerechnet dieser Politiker – ironischerweise aus ideologischen Gründen ein Gegner der Massenmotorisierung – war Protagonist des Eisenacher Automobilbaus. Seine Sorge war auch nicht das Fortbestehen des VEB AWE, sondern die politische Macht. Die Eisenacher Automobilbauer koalierten mit der Partei, im eigenen Interesse, obwohl sie sich nie ganz auf Parteilinie gelegen und den westlichen Automobilbau nie aus dem Auge verloren hatten. Jetzt galt es, dieses politische Opfer zu bringen, denn das RGW-Auto wäre das Aus für den eigenständigen Automobilbau gewesen.

Heizungsschema 1= Hebel für die Regulierung der Lufttemperatur, 2= Hebel für Fahrgastraumbelüftung, 3= Hebel für die Belüftung der Windschutzscheibe, 4= Gebläseschalter (Serie in der Luxusausführung oder als Sonderausstattung)

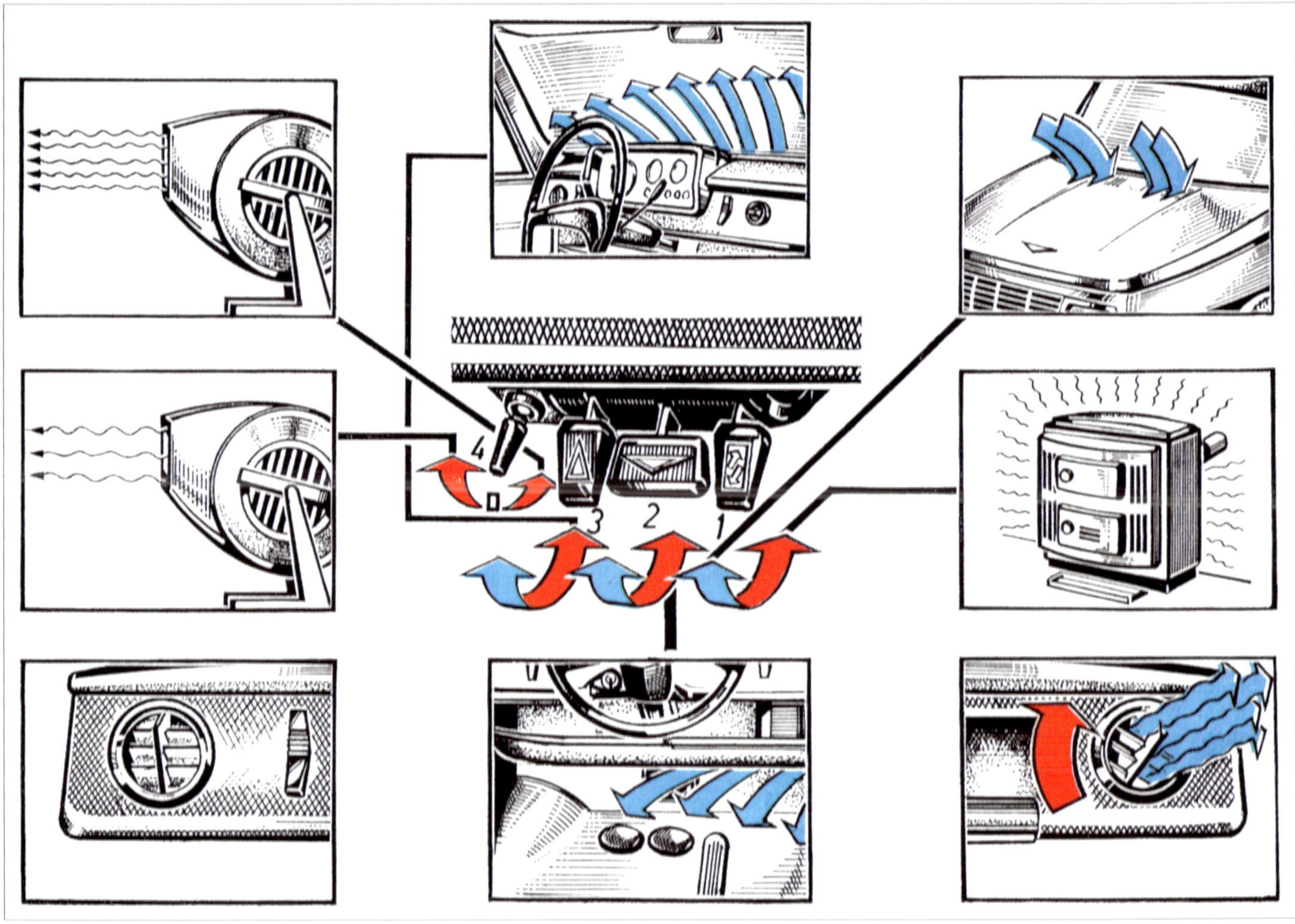

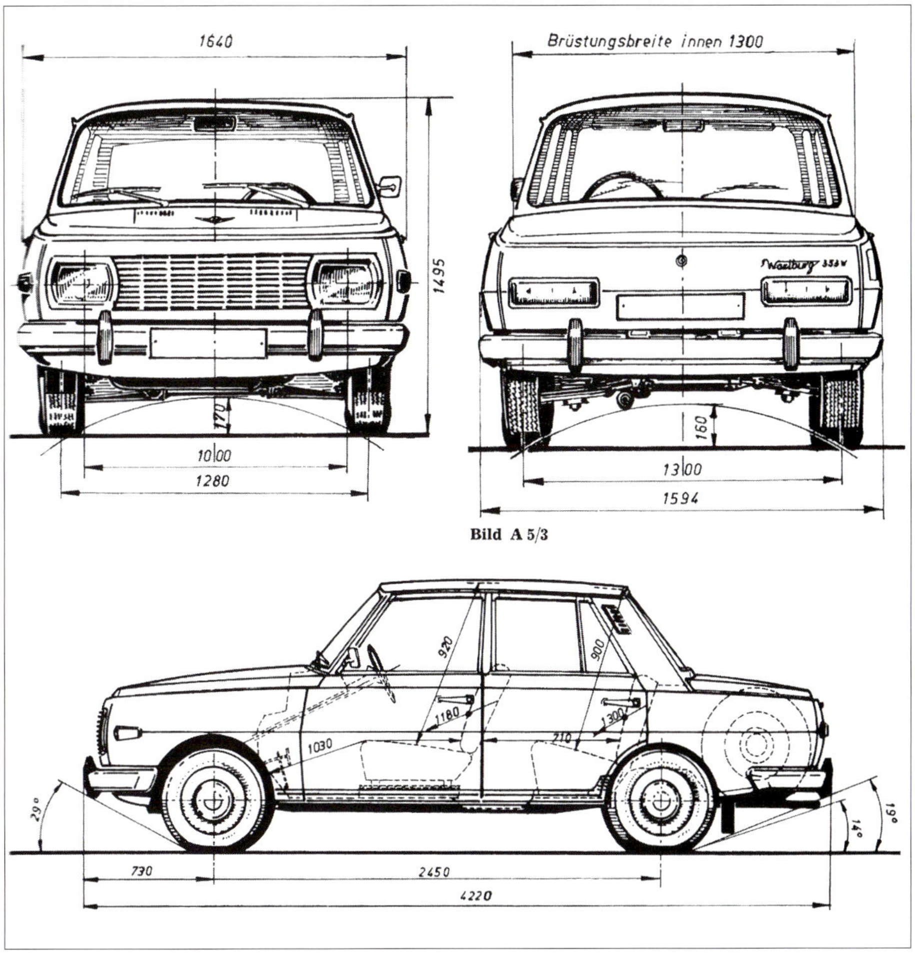

Abmessungen des Wartburg 353 Limousine

Die Überlegungen, die Produktion eines Autos arbeitsteilig mit anderen RGW-Ländern zu betreiben, reichen in die 60er-Jahre zurück. Das ostdeutsche Produktionszentrum wäre Zwickau geworden. Eisenach hätte sich mit der Rolle eines Zulieferers begnügen müssen. Dabei hatte das ZK der SED am 15. Juli 1964 diese Neuentwicklung des Wartburg 353 genehmigt. Seit 1966 lief er vom Band. Gegen das abzusehende Aus für „ihren" Wartburg begehrte die Belegschaft von AWE auf. An ihrer Spitze standen der Parteisekretär und der Betriebsdirektor des Eisenacher Werks. Sie beklagten die Missachtung der Parteibeschlüsse. So etwas untergrabe die führende Rolle der Partei, zumindest in ihrem Betrieb. Die Verursacher der Missstände: staatliche Institutionen! In einem Land, in dem Parteibeschlüsse im Rang säkularer Allheiligkeit standen, waren derartige Nachrichten äußerst alarmierend.

Der Repräsentant der „staatlichen Institutionen" war der Ministerpräsident Willy Stoph, auf dessen Ministerratsebene das RGW-Auto administrativ projektiert worden war. Günther Mittag war der regionale Repräsentant der Partei, als Spitzenkandidat in der Volkskammer für das nahe gelegene Erfurt. In dieser Eigenschaft war er der Sachwalter der parteipolitischen (All-)Macht. Die finanziellen Risiken bei der Entwicklung eines RGW-Autos, die eingeschränkte Wirtschaftskraft der DDR und die Folgen, die ein Misserfolg dieses automobilen Gemeinschaftsprojekts für das Land und die Bevölkerung gehabt hätte, wird er ebenfalls gekannt haben. In dieser Situation ließ sich damit recht praktisch argumentieren.

Mit genau diesen Argumenten bezeichnete Erich Honecker das RGW-Projekt erst einmal als nicht entscheidungsreif. Dann schwenkte plötzlich die Ministerriege ab und machte vorrangige Investitionsbedarfe für die Infrastruktur geltend. Für ein RGW-Auto blieb da kein Geld übrig. Eine neue Arbeitsgruppe hatte über die zukünftige Automobilentwicklung eine entscheidungsreife Vorlage zu erstellen. Sie empfahl bereits Ende Juni 1973, alles – mehr oder weniger – beim Alten zu belassen. Am 25. Juli 1973 bestätigte das Politbüro die Produktion des Wartburgs in Eisenach und erhöhte den Jahresplan auf 70.000 Fahrzeuge. Für die Eisenacher hätte es kaum besser laufen können, für Zwickau kaum schlechter. Statt Zentrum der RGW-Autoproduktion zu werden, bauten die Sachsen weiter den Trabbi. Der Erfurter Volkskammerkandidat Günther Mittag hatte im Hintergrund erfolgreich die Fäden gezogen. Bis 1979 köchelte die RGW-Kooperation für ein Gemeinschaftsauto weiter, dann kündigten Politbüro und Ministerrat das Projekt.

Mehr Sicherheit: der Wartburg 353 W

Am 3. März 1975 geht der Wartburg 353 W in Serie. W steht für Weiterentwicklung. Er hat eine Zweikreisbremsanlage mit Scheibenbremsen an der Vorderachse bekommen, eine ECE-gerechte Lenksäule mit Abscherkupplung, H4-Hauptscheinwerfer, einen neuen Instrumententräger und Sicherheitsgurte mit Einhandbedienung. Die Verbesserung der Fahrzeugsicherheit stand bei dieser Modellpflege im Vordergrund. Das Auto bleibt im Grundkonzept bis zur Stilllegung des Werkes 1991 weitgehend erhalten.

Allerdings ließ sich der Kühler nicht unmittelbar hinter den Ziergrill verlegen. Er verblieb hinter dem Motor auf dem Rahmenträger. Die anströmende Kühlluft wird dadurch vorgewärmt. Die verminderte Kühlwirkung muss durch einen erhöhten Luftdurchsatz ausgeglichen werden. Den sichert ein starker 4-Flügel-Lüfter. Erst 1985 kann ein Frontkühler eingebaut werden. Dabei erfährt der Motor auch

PREISE (MÄRZ 1975)*

Modell	Preis (Mark)
Wartburg 353 W Limousine Standard	16.950,–
Wartburg 353 W Limousine de luxe	17.950,–
Wartburg 353 W Tourist Standard	17.700,–
Wartburg 353 W Tourist de luxe	18.700,–

*Preise nach: Fahrzeuglexikon Wartburg, Jürgen Lisse, Bildverlag Böttger GbR, 1. Auflage 2007, Witzschdorf

einen konstruktiven Umbau. Das Thermostatgehäuse auf dem Zylinderkopf ist dem nun vorn eingebauten Kühler angepasst worden. Eine neue Abgasanlage reduziert den Geräuschpegel, wodurch das maximale Drehmoment allerdings erst bei 3.000 $U/_{min}$ erreicht wird.

Immer schwächer: der Zweitaktmotor

Die Eisenacher Automobilwerker wussten es: Die Schwachstelle des Wartburg war sein Zweitaktmotor. Er war einfach, robust und zuverlässig. Aber der Mainstream verlief zum kultiviert laufenden Viertaktmotor. Dessen Leistung ließ sich immer weiter steigern, während beim Zweitakter das Ende der Fahnenstange erreicht zu sein schien. Grenzen setzte die Qualität des Materials. Mehr Leistung wäre aus dem Zweitakter nur zu Lasten seiner Lebensdauer herauszuholen gewesen. Mitte der 60er, als der 353 auf den Markt kam, war der Zweitaktmotor gerade noch zeitgemäß gewesen – wohlwollend betrachtet. Im Lichte der sich immer weiter vermehrenden Pferdestärken bei den Viertaktern blieb der Zweitakter immer weiter zurück. Von einem Vergleich der Abgaswerte ganz zu schweigen.

Der Trend war abzusehen: Für ein Auto der unteren Mittelklasse würde sich der Zweitaktmotor zum Alleinstellungsmerkmal entwickeln. Ein Alleinstellungsmerkmal, das den Wartburg keineswegs aufwerten würde. Wahrscheinlich wäre ein Wartburg, den es zumindest wahlweise mit einem Viertaktmotor gegeben hätte, sogar von vornherein oberhalb der unteren Mittelklasse eingestuft worden. Dass der zweitaktende Dreizylinder-Motor, diese damals schon zunehmend anachronistische Antriebsart, dereinst einen Teil des Kultcharakters dieses Autos ausmachen würde, ahnte niemand. Aber selbst wenn, geholfen hätte es nicht.

Die Eisenacher blieben nicht untätig. 1957 begannen sie mit der Konstruktion eines Vierzylinder-Viertakt-Boxermotors. Er hatte einen Hubraum von 1.088 cm^3, der auf 1.200 cm^3 hätte aufgemacht werden können. Letzteres wäre für die Klasseneinstufung im Rallye-Geschäft von Vorteil gewesen. Das hatten die Eisenacher immer im Blick. Die Leistung lag bei 45 PS, der Verbrauch bei sparsamen 7,5 Litern auf 100 Kilometern. In die Serienfertigung hätten 13 Millionen Mark investiert werden müssen. Doch das waren der VVB Automobilbau und dem ZK der SED zu viel Gled. In der Direktive 4/61 vom 15. Februar 1965 beschied VVD-Hauptdirektor Kurt Lang: „Die Automobilbauer der DDR orientieren sich entsprechend den objektiven Bedingungen kurzfristig auf den Zweitaktmotor und in der

Crashtest nach ECE-Regelung mit dem Wartburg 353. Über den Test gab AWE eine Presseerklärung heraus.

Dreizylinder-Zweitaktmotor des Wartburg 353 W ab Baujahr 1985

Perspektive auf den Kreiskolbenmotor“ (zitiert nach: Autos aus Eisenach, Horst Ihling, Motorbuch Verlag, 2. Auflage 1999, Stuttgart). Dass der Name von Kurt Lang unter den Autobauern, vor allem bei denen in Eisenach, keinen guten Klang hatte, lag auf der Hand. Woher der Wind wehte, hatte Kurt Lang allerdings schon vorher im streng vertraulichen Aufgabenplan 13/60 vom 30. Juni 1960 für die Perspektiventwicklung von Pkw festgelegt: „Die Entwicklung des Kreiskolbenmotors ist so zu beschleunigen, dass die Produktion zum selben Zeitpunkt wie in Westdeutschland einsetzen kann“ (zitiert nach: Plaste, Blech und Planwirtschaft, Peter Kirchberg, Nicolaische Verlagsbuchhandlung, Bauermann GmbH, 2. Auflage 2001, Berlin).

Endlich hatte also die VVB Automobilbau eine Chance entdeckt, zum Westen aufschließen zu können. Auch wenn man das nach offizieller Lesart entweder nicht nötig hatte, oder dem Westen sowieso schon überlegen war. Zur VDI-Tagung am 19. Januar 1960 in München waren auch Vertreter der DDR eingeladen worden. Dort war von der NSU und Felix Wankel der Kreiskolbenmotor erstmals offiziell vorgestellt worden. Die vier Techniker der VVB Automobilbau müssen begeistert gewesen sein, und geblendet. Statt zu schlafen, schrieben sie auf der Rückfahrt im Abteil ihres Nacht-D-Zuges ihren Erfahrungsbericht: Die Rotationskolbenmotoren wären aussichtsreich für eine serienreife Entwicklung. Sie wären der Lösungsweg für Verbrennungskraftmaschinen, wie sie im europäischen Kraftwagenbau Verwendung finden. Es sei zu erwarten, dass sie die Hubkolbenmotoren ablösen würden. Für das sozialistische Lager ergebe sich die zwingende Notwendigkeit, die Arbeit auf diesem Gebiet aufzunehmen. Die Entwicklung bei NSU sei so weit, dass eine Serienfertigung grundsätzlich kein Risiko darstellen dürfte. Weit gefehlt!

Allein aufgrund der Münchner Tagungsunterlagen und einiger Zeitungsberichte waren die ostdeutschen Tagungsteilnehmer zu dieser weitreichenden Schlussfolgerung gelangt. Also veranlasste die VVB Automobilbau, dass sich die DDR als Lizenznehmer an der Entwicklung des Kreiskolbenmotors beteiligte, gegen die Zahlung von Lizenzgebühren in Millionenhöhe. Die VVB Auomobilbau zahlte die zweithöchste Lizenzgebühr unter allen Lizenznehmern. Gleichwohl: Die DDR ist von der NSU nicht ausgetrickst worden, die Zusammenarbeit war fair und – zumindest in den Anfangsjahren – intensiv. Als die Probleme mit der Entwicklung eines in den Trabant und Wartburg passenden Kreiskolbenmotors immer größer wurden, half NSU dezent nach, u.a. mit der Lieferung eines Ro 80. Letztlich hätte die Automobilindustrie in der DDR ein neues Auto entwickeln müssen, dessen Technik die Probleme des Kreiskolbenmotors hätte auffangen müssen. Das konnte das Land nicht schultern.

Wegen fehlender Perspektiven verabschiedete sich die DDR 1969 aus der Beteiligung an der Entwicklung des zunächst euphorisch begrüßten Kreiskolbenmotors. VVB-Hauptdirektor Lang wurde in den vorzeitigen Ruhestand geschickt. 3,5 Millionen D-Mark (!) hatte die DDR bis dahin an NSU überwiesen. An der Blockadehaltung der Planwirtschafter gegenüber dem Bau eines Viertaktmotors änderte das nichts. AWE trieb die Motorenentwicklung stillschweigend in eigener Verantwortung voran.

Die Einführung eines Direkteinspritzers scheiterte an der Unfähigkeit der Zulieferer, eine Einspritzanlage serienmäßig in der erforderlichen Qualität zu bauen. Bei diesem Aggregat gelangte der Kraftstoff über eine seitlich angeordnete Drehkolben-Einspritzpumpe durch die neben den Zündkerzen liegenden Einspritzdüsen in den Brennraum. Die Spülverluste eines Zweitakters wurden vermieden. Die Motorleistung lag 10 bis 15 Prozent über der eines vergleichbaren Zweitaktmotors bisheriger Bauart. Der Einspritzer

Oben: Röntgenblick durch den Wartburg W 353

Montage des Wartburg 353 bei AWE

sparte 1,5 Liter Kraftstoff auf 100 Kilometer und knapp 40 Prozent Schmieröl bei einem Mischungsverhältnis von 1:25.

1967 schien der Einbau eines Sechszylinder-Zweitaktmotors aussichtsreich. Dessen Konstruktion stammte noch aus der Zeit vor dem 2. Weltkrieg. Der Konstrukteur hatte seine Pläne der Bayreuther Motorengesellschaft (BMG) überlassen. Die war gewillt, mit der DDR zu kooperieren. Zwei dieser Sechszylinder-Zweitakter demonstrierten in Versuchsfahrzeugen der Wartburg-Baureihe 353 eindrucksvolle Fahrleistungen von über 150 km/h Höchstgeschwindigkeit. Doch die Emissionen lagen um das Neunfache über dem Limit. Als die Ernst Heinkel AG, ihrerseits Teilhaber bei BMG, sich einblendete und die Bedingung signalisierte, den Kurbelsatztrieb für diesen Motor in der Serienfertigung herstellen zu wollen, mussten die Eisenacher auf Distanz gehen. Während man die technischen Probleme vielleicht hätte lösen können, scheiterte der Motor am schlechten politischen Klima zwischen Ost und West.

Wartburg 353 im Rallye-Einsatz: hier bei der Akropolis-Rallye 1978

1968 entschloss sich Eisenach, übrigens auch Zwickau, die Entwicklung eines Viertakters in eigener Regie zu verfolgen. Tatsächlich gelang es, zwei Motoren des Typs 400 zu entwickeln. Lediglich die Brennräume waren bei den beiden Typen verschieden gestaltet. Es waren die ersten in der DDR konstruierten OHC-Motoren. Noch während der Plan für die Komponentenherstellung durch die Zulieferer entwickelt wurde, erging von oben die

Rallye-Wartburg auf einem für den Transport von AWE gebauten Spezialfahrzeug

Wartburg 353 W, Baujahr 1987, mit Stahlschiebedach und Knüppelschaltung

Anweisung zum Abbruch dieser Motorenentwicklung. Begründung: Mangelnde Erfahrung bei der Produktion von Viertaktern (wie sollte man die bekommen, wenn man nicht durfte?) und zu hohe Fertigungskosten. Ein Motor (der leistungsschwächere der beiden Typen) durfte noch getestet werden. Selbst ohne Feinabstimmung wurde dabei eine V_{max} von 153,2 km/h gestoppt. 1972 mussten die Arbeiten auf Weisung der VVB Automobilbau endgültig eingestellt werden.

AWE versuchte alles, um den Wartburg international wenigstens rudimentär konkurrenzfähig zu halten. Die Idee bestand darin, Viertaktmotoren im Ausland zu kaufen und diese in die Exportmodelle des Wartburgs zu implantieren. Dabei konnten sich die Eisenacher sogar im sozialistischen Ausland bedienen. Russland, Rumänien, Tschechien und Polen waren Staaten, deren Automobilindustrie Viertakter einbaute. Eisenach initiierte beim Wartburg 610 eine Arbeitsteilung mit Zwickau und präferierte dazu einen Motor von Dacia. Am 6. November 1979 entschied das Politbüro, dass die Entwicklung der Nachfolge-Pkws für den Trabant und Wartburg abzubrechen seien. Deren Produktion werde auch über 1985 weitergeführt.

Ende der 70er-Jahre war der Export am Ende. Wegen fehlender Viertaktmotoren. Weil damit auch eine Deviseneinnahmequelle zu versiegen drohte, schien endlich die Politik aufgewacht zu sein. Der Ministerrat genehmigte am 16. Mai 1978 den Bau des Wartburg 1300: Der Wartburg 353, bestückt mit dem originalen R 12-Motor aus Frankreich. Dacia hatte kurzfristig keine Lizenzmotoren liefern können. Renault signalisierte sofortige Lieferbereitschaft. Die Lösung schien auf einmal so einfach zu sein. Auf der Leipziger Herbstmesse 1978 sollte das neue Exportmodell vorgestellt werden. Die Prospekte waren schon gedruckt. Nur die Verträge mit Renault und den Importeuren wären noch abzuschließen gewesen. Dafür brauchten die Eisenacher Unterstützung von außen. Bekamen sie aber nicht. Weder von der übergeordneten Kombinatsleitung, noch vom Außenhandelsbetrieb Transportmaschinen. Kurz vor Messebeginn hatte sich das Projekt totgelaufen.

Parallel zu den Motoren arbeitete AWE auch an neuen Karosserien. Es hätte einen Nachfolger für den Wartburg Sport geben können, den 313/2, einen Schiebetür-Kombi, eine Steilheck-Limousine oder den gemeinsam mit AWZ entwickelten 610 M. Sie erreichten maximal das Stadium des Prototypen. Regelmäßig stoppten die politischen Gremien, flankiert von der VVB Automobilbau, die engagierten Projekte der Eisenacher. In der Rückschau hat es den Anschein, als ob Partei und Staat nach dem Prinzip Hoffnung die Seelen der Autobauer gerade so weit pflegten, dass sie nicht vollends dicht machten, hinschmissen oder in den Westen gingen. Für die Volvos fahrenden Funktionäre standen die Innovationen der Automobilindustrie im eigenen Land nicht im Fokus ihres Interesses. Die Eisenacher mussten sich mit Detailverbesserungen am Wartburg 353 begnügen. Im gleichen Format, in dem die ostdeutsche Fachpresse über den neuen Wartburg 312 oder 353 berichtet hatte, testete sie jetzt die Bedienung eines neuen Autoradios.

Dennoch blieb der Wartburg in Ostdeutschland ein begehrtes Auto. Lange Zeit hatte sogar der Tourist als eines der begehrtesten Autos im gesamten Ostblock gegolten, wegen seiner Vielseitigkeit beim Waren- und Personentransport. Dabei gab es durchaus Konkurrenz aus dem heutigen Tschechien, Polen und Russland. Diese Autos hatten sogar ein durchaus exklusives Image, deutsche Wertarbeit („Made in the German Democratic Republic") waren sie aus der Sicht der Endverbraucher nicht.

Anfang der 80er-Jahre erklären die RGW-Staaten, den Wartburg mit Zweitaktmotor alsbald nicht mehr abnehmen zu wollen. AWE entwickelt daraufhin den Dreizylinder-Viertakt-Ottomotor. Er kombinierte Bauelemente des Zweitaktmotors mit Funktionselementen des Viertaktmotors. Der „3/4-Takter" hatte einen Hubraum von 1.191 cm^3 und leistete 60 PS. „Die ganze Sache funktionierte tadellos und hätte sich relativ kostengünstig realisieren

TECHNISCHE DATEN WARTBURG 353

Modell	Wartburg 353	Wartburg 353 Tourist	Wartburg 353/1
Hersteller	VEB Automobilwerke Eisenach (VEB AWE)	VEB Automobilwerke Eisenach (VEB AWE)	VEB Automobilwerke Eisenach (VEB AWE)
Bauzeit	1966–1969	1966–1969	1969–1974
Motor	Zweitakt-Reihenmotor	Zweitakt-Reihenmotor	Zweitakt-Reihenmotor
Zylinder	3	3	3
Hubraum (cm^3)	992	992	992
Leistung (PS)	45	45	50
Bei $U/_{min}$	4.250	4.250	4.250
Gemischaufbereitung	1 Fallstromvergaser BVF 36-F1-11	1 Fallstromvergaser BVF 36-F1-11	1 Fallstrom-Registervergaser BVF 40-F1-11
Getriebe	4-Gang-Getriebe mit Lenkradschaltung	4-Gang-Getriebe mit Lenkradschaltung	4-Gang-Getriebe mit Lenkradschaltung
Antrieb	Front	Front	Front
Bremsen	Trommeln	Trommeln	Trommeln
Höchstgeschwindigkeit (km/h)	125	125	130
Radstand (mm)	2.450	2.450	2.450
Reifen	6.00 - 13	6.00 - 13	6.00 - 13, 165 SR 13
L x B x H (mm)	4.220 x 1.642 x 1.495	4.380 x 1.642 x 1.495	4.220 x 1.642 x 1.495
Leergewicht (kg)	910	910	910
Gemischverhältnis (Öl:Benzin)	1:33	1:33	1:50
Verbrauch (l/100 km)	8,5	8,5	8,5
Preis (Mark)	16.750,–	17.500,–	16.950,–
Stückzahl	Wartburg 353, 353 Tourist und 353/1, 353/1 Tourist zusammen: 356.332		

Modell	Wartburg 353/1 Tourist	Wartburg 353 W	Wartburg 353 W Tourist
Hersteller	VEB Automobilwerke Eisenach (VEB AWE)	VEB Automobilwerke Eisenach (VEB AWE)	VEB Automobilwerke Eisenach (VEB AWE)
Bauzeit	1969–1974	1975–1989	1975–1989
Motor	Zweitakt-Reihenmotor	Zweitakt-Reihenmotor	Zweitakt-Reihenmotor
Zylinder	3	3	3
Hubraum (cm^3)	992	992	992
Leistung (PS)	50	50	50
Bei $U/_{min}$	4.250	4.250	4.250
Gemischaufbereitung	1 Fallstrom-Registervergaser BVF 40-F1-11	1 Fallstrom-Registervergaser BVF 40-F1-11, ab 1982: Jikov 32 SEDR	1 Fallstrom-Registervergaser BVF 40-F1-11, ab 1982: Jikov 32 SEDR
Getriebe	4-Gang-Getriebe mit Lenkradschaltung	4-Gang-Getriebe mit Lenkradschaltung	4-Gang-Getriebe mit Lenkradschaltung
Antrieb	Front	Front	Front
Bremsen	Trommeln	Scheiben (vorn)/Trommeln (hinten)	Scheiben (vorn)/Trommeln (hinten)
Höchstgeschwindigkeit (km/h)	130	130	130
Radstand (mm)	2.450	2.450	2.450
Reifen	6.00 - 13, 165 SR 13	6.00 - 13, 165 SR 13	6.00 - 13, 165 SR 13
L x B x H (mm)	4.380 x 1.642 x 1.495	4.220 x 1.642 x 1.495	4.380 x 1.642 x 1.495
Leergewicht (kg)	970	910	970
Gemischverhältnis (Öl:Benzin)	1:50	1:50	1:50
Verbrauch (l/100 km)	8,5	8,5	8,5
Preis (Mark)	17.700,–	16.950,–	17.700,–
Stückzahl	(s.o.)	Wartburg 353 W und 353 W Tourist zusammen: 868.860	

lassen", berichtet Horst Ihling (zitiert nach: Autos aus Eisenach, Horst Ihling, Motorbuch Verlag, 2. Auflage 1999, Stuttgart). Aber auch dieses Projekt wurde beerdigt. Am 1. Oktober 1985 feiert AWE den 1.000.000. Wartburg 353. Inzwischen zeichnete sich die Lösung sämtlicher Motorenprobleme ab. Die Morgenröte einer neuen Ära zog am Horizont herauf: Das Motorengeschäft zwischen der DDR und dem Volkswagenkonzern in Wolfsburg. Infolge dieses Geschäftes läuft am 30. September 1988 die letzte Wartburg 353 Limousine, am 1. März des Folgejahres der letzte Wartburg 353 Tourist vom Band.

Der Wartburg 353 im Rallye-Einsatz

Der Wartburg 355 scheiterte an seinem guten Aussehen. Das sei ein Auto für Playboys, entschied ein hoher Funktionär. Weil es in der DDR keine Playboys geben durfte, gab es für das Auto folglich keinen Bedarf. Es heißt, die Blaupausen wären in die Hände von VW lanciert worden, die Wolfsburger hätten danach den erfolgreichen Passat gebaut.

Wartburg 355: in Wahrheit ein Passat?

AWE hätte auch anderes gekonnt, als Limousinen und Kombis zu bauen. Ein Prototyp, sein damals avantgardistisches Aussehen, eine politische Verleumdung, ein Gerücht und ein grandioser Erfolg. Das sind die Zutaten, aus denen die Geschichte über den Wartburg 355 besteht. Über das Stadium der Prototypen ist dieses Modell nie hinaus gekommen. Dennoch bewegt dieses Auto die Gemüter. Dabei ist die Quellenlage noch nicht mal eindeutig im Hinblick darauf, wie viele Prototypen gebaut wurden. Drei, vier oder sechs? Das Museum in Eisenach sagt, es wären sechs Fahrzeuge angefertigt worden. Andere Quellen sprechen von drei oder vier Modellen.

Auch über die Motorisierung gibt es unterschiedliche Angaben. Vier Leistungsklassen werden genannt: 50, 55, 74 und 82,7 PS. Der in Eisenach ausgestellte Typ ist mit einem Dreizylinder-Zweitaktmotor mit 55 PS ausgerüstet, der im Verkehrsmuseum Dresden ausgestellte Typ mit einem Vierzylinder-Viertaktmotor mit 74 PS. Weiter ist dieser Fahrzeugtyp nie gekommen. Weil ihm ein Politbonze den Garaus gemacht hat. Deshalb könnte dieser Prototyp aus dem Osten später im Westen ein grandioser Erfolg gewesen sein, bis heute. Als VW Passat.

Der Wartburg 355 war als Coupé neben dem 353 gedacht. Vermutlich, denn darüber gibt es verschiedene Stimmen. Auch für das Fertigstellungsjahr gibt es verschiedene Angaben. Mehrheitlich wird 1968 genannt. Wie jedes Unternehmen reagierte AWE auf neue Trends auf dem Automobilmarkt. Da waren die Eisenacher richtige Marktwirtschaftler, wie im westlichen Kapitalismus. So ein unternehmerisches Verhalten entsprach alter Tradition. Und da hat AWE vermutlich erkannt, dass neben den beiden Typen – Limousine und Kombi – der Baureihe 353 noch etwas fehlt. Ein Auto, das trendy ist, wie man heute sagen würde. Autos dieser Art waren seit dem F9 fast durchweg im Programm gewesen. Deshalb entstanden die Prototypen mit der Bezeichnung Wartburg 355.

Beim Konstruieren scheint dem 355 alles zugestanden worden zu sein, was damals – auch im Westen - gängig war. Und auch noch mehr. Die Karosserie entstand in GFK-Bauweise. Diese Bauweise habe sich für die Serie als zu arbeitsintensiv erwiesen, die Entwicklung sei deshalb eingestellt worden, sagen die einen. Nur die Karosserien der Prototypen wären aus Kunststoff gefertigt worden, für die Serie wäre Blech – wie bei fast allen Eisenacher Baureihen – vorgesehen gewesen, sagen die anderen. Eine Besonderheit ist aber – darin stimmen alle überein – die Karosserieform mit Schrägheck und großer Hecktür gewesen. Im Verkehrsmuseum Dresden wird das ausgestellte Auto deshalb sogar als Coupé bezeichnet.

Das Besondere am Wartburg 355 ist die Form der Karosserie. Die Heckklappe verlief schräg nach unten. Anders ausgedrückt: Sie war als Fließheck ausgebildet. Das war damals eine ultimativ neue Linienführung, dem Zeitgeist um Jahre voraus. Eine Linienführung zwischen Limousine und Kombi. Sie war praktisch, vor allem aber: elegant. Die Entscheidungsträger in Berlin erkannten das auch, aber nicht so, wie es sich AWE erhofft hatte. Das Aus für dieses Modell veranlasste ein hochrangiger Funktionär. Dieses Auto sei etwas für Playboys, soll er gesagt haben. Ergo, zu elegant, zu abgehoben, zumindest für eine – ausschließlich – werktätige Bevölkerung. Weil es im klaren Weltbild des Sozialismus eine andere Spezies nicht geben durfte, hatte ein Auto mit dieser Linienführung keine Existenzberechtigung. Bewiesen ist diese Geschichte nicht. Aber sie passt. Für das Erwägen von Exportchancen scheint in der eingemauerten Ideologie kein Platz mehr gewesen zu sein. Welch eine Chance verspielt worden war, sollte sich bald zeigen.

Hartnäckig hält sich das Gerücht, das Karosseriedesign sei an den Volkswagenkonzern verkauft worden. Die Wolfsburger hätten daraus den VW Passat gemacht. Sogar ehemalige AWE-Mitarbeiter sind davon überzeugt, dass entsprechende Blaupausen den Weg in den Westen gefunden haben. Gegen Cash oder andere Gegenleistungen. Die Wolfsburger haben immer ein recht offenes Verhältnis nach Ostdeutschland gepflegt. Auch vor dem Geschäft mit den Viertaktmotoren. Als „Beweis" für den Verkauf der Karosseriepläne an den Westen wird immer wieder auf die Linienführung des Passat in der ersten Serienausführung verwiesen. Selbst das renommierte Verkehrsmuseum Dresden weist auf der Schautafel neben dem dort ausgestellten Wartburg 355 darauf hin, dass der Passat erst einige Jahre später auf den Markt kam. Coupés gab es in der DDR dann aber doch. Als Importmodelle von Skoda.

MYSTERIÖS UND KORREKT: DIE VORBESITZER SIND NICHTSSAGENDE NAMEN.

Der Motor ist ein Lizenznachbau des Renault 12 TL-Aggregats von Dacia.

Wartburg W 400: Geheimnisse in Eisenach

Auf der Grundlage der Wartburg 353 W-Serie entstand in Eisenach eine Kleinserie, die noch heute von Geheimnissen umwittert ist. Bis in die Gegenwart ist nicht restlos geklärt, an wen die Kleinserienfahrzeuge geliefert wurden. „Für gesellschaftliche Bedarfsträger" ist als

Der Motor hat 1.300 cm³ und 60 PS. Er ermöglicht eine Höchstgeschwindigkeit von 130 km/h.

Produktionsbegründung in den Annalen des Eisenacher Werkes nachzulesen. Wer in der DDR so etwas hörte, der wusste, dass er besser keine weiteren Fragen stellt. Zumindest dann, wenn eine Präzisierung nahe gelegen hätte, wie bei dem Verwendungszweck eines Autos.

Nach der Wende tauchten einige dieser Autos auf. Einfach so, irgendwo. Ihr Zustand war gepflegt, vielleicht etwas angestaubt, die Laufleistungen mäßig, aber nicht so gering, dass man sagen könnte, die Autos hätten 20 Jahre lange nur herumgestanden. Die Papiere sind – wenn es welche gibt – korrekt. Als Vorbesitzer sind nichtssagende Namen oder Einrichtungen eingetragen, mitunter sogar AWE selbst.

Die Kleinserie lief unter der Typenbezeichnung Wartburg W 400. Es sind tiefbauende Fahrzeuge mit dem Aussehen eines offenen Kübelwagens. Die Lackierung ist in der Regel olivgrün. Wer jedoch glaubt, es habe sich um Militärfahrzeuge gehandelt, liegt falsch. Diesen Fahrzeugen fehlen wesentliche Ausstattungsmerkmale von Geländefahrzeugen: Der Allradantrieb, die Geländeuntersetzung oder wenigstens die Differenzialsperre für die Antriebsachse. Der in GFK-Technologie gefertigte Aufbau ist auf das weitgehend serienmäßige W-Chassis aufgesetzt.

Eine Überlieferung besagt, die Konstrukteure seien dabei gewesen, die Watfähigkeit zu testen, als das Auto plötzlich zu schwimmen anfing. So richtig ausprobiert haben sie es dann an der Lütsche-Talsperre bei Oberhof. Vorsorglich in Begleitung eines Schlauchbootes. Das Fehlen von Steuer- und Antriebselementen im Schwimmbetrieb spricht dafür, dass beim Konstruieren des Autos dessen Amphibiencharakter nicht eingeplant war. Den Vortrieb im Wasser besorgen die drehenden Vorderräder, wie bei einem Raddampfer. Den Kurs steuert der Fahrer mit dem Einschlagen der Vorderräder.

Peter Süssemilch besitzt in Großfurra eine Werkstatt, in der er hochwertige Oldtimer restauriert. Dem Restaurator wurde 1994 ein W 400 mit Viertaktmotor angeboten. Noch am selben Abend kaufte er dieses seltene Auto. Der Motor ist ein Lizenznachbau des Renault 12 TL-Aggregats von Dacia. Sein W 400 Kübel ist das Spitzenmodell jener in Eisenach gefertigten Kleinserie. Sein W 400 wird von einem Viertaktmotor angetrieben. Der Motor hat 1300 cm³ und 60 PS. Die Höchstgeschwindigkeit beträgt 130 km/h. Von dieser Ausführung wurden nur zwei Fahrzeuge gebaut. Das andere ist verschollen.

Die Montage der Sondermodelle erfolgte im Zweigbetrieb in Buchenau.

Die anderen W 400 sind mit Zweitaktmotoren der höchsten Leistungsklasse (55 PS) ausgerüstet. Alle haben die 353-W-Ausstattung, einen 60-Liter-Tank und Sportsitze. Das Verdeck ist auf einem Scherengestell montiert und wird in geschlossenem Zustand mit Lederriemen stabilisiert. Das Auf- und Abbauen des Verdecks dauert zwei bis drei Minuten. Äußerlich unterscheidet sich der Viertakter vom Zweitakter nur durch einen anderen Frontgrill und die Blinker. Die Kleinserie der Zweitaktkübel war Anfang der 70er-Jahre hergestellt worden. In den Papieren des Viertakters ist als Erstzulassungsdatum der 30. Juli 1976 eingetragen. Das passt insofern, als damals die Eisenacher gerade mal wieder mit Viertaktern experimentieren durften.

Gerüchte über die Nutzer

Die Kosten für diese Autos waren in der Eisenacher Abteilung für Versuchserprobung zu buchen. Montiert wurden die Autos im Zweigbetrieb Buchenau. Der Abtransport zu den „Bedarfsträgern" erfolgte auf Fahrzeuganhängern, die mit einer Plane abgedeckt waren. Einige Fahrzeuge sollen dem Forstwirtschaftsbetrieb des DDR-Prominenten-Ghettos Wandlitz übergeben worden sein, wo sie von den Politikern und Funktionären bei Jagdausflügen genutzt wurden. Bekannt ist, dass für Stasiminister Erich Mielke ein W 400 speziell präpariert wurde: In Höhe der Rückbank wurden beidseitig gepolsterte Gewehrauflagen montiert. Dieses Auto steht heute im Eisenacher Museum.

Ein Unbekannter gibt einen Hinweis

Peter Süssemilchs Recherchen nach den Vorbesitzern verliefen im Nichts. Im Fahrzeugbrief gibt es – außer dem Verkäufer – keine eingetragenen Vorbesitzer. Bekannt ist, dass für Autos, die hochgestellten Personen ab Ministerebene persönlich zugewiesen waren, keine Fahrzeugbriefe angelegt wurden. Sie erhielten nur eine Zulassung. Nur einmal, bei einem Oldtimertreffen – das Auto war gerade von einer Menschentraube umlagert – flüsterte ihm ein Unbekannter ins Ohr, sein W 400 sei das private Jagdauto des Verteidigungsministers gewesen.

Wartburg 1.3: Ein (Alp-)Traum wird wahr

Am 12. Oktober 1988 – ein knappes Jahr, bevor die Menschen in der DDR die Wende einleiten – geht in Eisenach ein lang ersehnter Traum in Erfüllung: Die Wartburgs erhalten von diesem Tag an serienmäßig einen Viertakter implantiert. Der Wartburg 1.3 ist geboren. Trotz des hohen Preises von 30.200 (Ost-)Mark (Limousine) reißen sich die Menschen um dieses Auto. Der Kombi rollte ab März 1989 vom Band. Die Wartezeit für ihn beträgt rechnerisch 15 Jahre. Das Blatt wendet sich abrupt. Ein Jahr später stehen die Autos auf Halde: unverkäuflich.

Bei dem Motor handelt es sich um ein Aggregat von VW. Bereits 1984 hatte erst das Politbüro, dann der Ministerrat entschieden, mit dem Volkswagenkonzern in Wolfsburg zu-

LABE 13
SLK E 1105

Der Wartburg 353 W mit Stahlschiebedach und Knüppelschaltung. Das W steht für Weiterentwicklung. AWE durfte die Technik aktualisieren, aber keine Viertaktmotoren einbauen.

PNEUMANT

1973 in Schleiz: RS 1000-Rennen. Die Fahrzeuge stehen in Startposition.

Melkus RS 1000

Die Konstruktion des Dresdeners Heinz Melkus ist eine Automobillegende – und außerhalb Ostdeutschlands weitgehend unbekannt. 101 Sportwagen des Typs Melkus RS 1000 baute die in der DDR einzigartige Manufaktur. Der weiterentwickelte Wartburg-Zweitakter dokumentiert Kreativität und technisches Potenzial.

Heinz Melkus im Cockpit

Zwei RS 1000 in Startposition

IN DEN STRASSEN OPATIJAS TRAF HEINZ MELKUS SEIN SCHICKSAL.

Ein verbotener Traum

Die Begegnung fand zwischen 1964 und 1966 statt. Genauer lässt sich der Zeitpunkt nicht datieren. Nur der Ort des Zusammentreffens ist noch bekannt: Opatija. Ein neutraler Ort in einem neutralen Land. Jugoslawien war sozialistisch, aber blockfrei. Hier trafen sich Ost und West. Der Balkanstaat war als Urlaubsland attraktiv, vor allem für Ostdeutsche. Auch für Heinz Melkus. Der Dresdener hatte damals schon einen Namen. Er fuhr Rennen, konstruierte Rennautos und besaß eine private Fahrschule. In den Straßen Opatijas traf er sein Schicksal. Es hatte die Gestalt eines Lotus, mit westlichem Kennzeichen, natürlich. Der Satz, der ihm über die Lippen kam, ist überliefert: „So ein Auto werden wir auch mal bauen!"

Der erste fertiggestellte Melkus RS 1000 (GT1)

Von Heinz Melkus handsigniertes Bild: Zwei RS 1000 im Renneinsatz, beide mit Straßenzulassung. Das Bild wurde 1973 aufgenommen.

1971: RS 1000 beim Rennen unter sich

Die Worte gelten als die Geburtsstunde des legendären Sportwagens Melkus RS 1000.
Die Vision lag zwischen Utopie und verbotenem Traum. Utopisch, weil ein lotusähnlicher Sportwagen dem Sozialismus widersprach. Verboten, weil derartige Wünsche gefährlich werden konnten. Zumindest, wenn sie in falsche Ohren gerieten. Vor allem, wenn das, was beim Zuhörer zwischen den Ohren saß, das Gehörte falsch interpretierte. Dann konnte so etwas als ein Verherrlichen kapitalistischer Werte verstanden werden. Oder anders ausgedrückt: Als Verrat an den sozialistischen Errungenschaften. Doch Heinz Melkus machte alles richtig. Sein Konzept bediente die Wünsche des Staates.

Der RS 1000 war ein Rennwagen für den Motorsport. Der RS 1000 sollte zu den Rennen auf eigener Achse fahren. Das war ein interessanter Köder für den Staat. Denn die DDR war von Anfang an klamm. Eine Anreise zu den Rennen auf eigener Achse, das sparte Transportkapazitäten. Für die wäre sonst der Staat verantwortlich gewesen. Heinz Melkus überzeugte von seinem Projekt zuerst die Parteileitung in Dresden, dann die zentralen Lenkungsgremien in Ost-Berlin. Das von ihm geleitete Kollektiv erhielt die Genehmigung, als Dresdener Rennwagenmanufaktur exklusive Sportwagen zu bauen.

Heinz Melkus wurde am 20.04.1928 in Dresden geboren. 1955 hatte er die private „Fahrschule Heinz Melkus KG" gegründet. Wer es sich in Dresden leisten konnte, versuchte bei ihm seinen Führerschein zu machen. Die Fahrschule war „in". Seine Rennfahrerkarriere begann eher zufällig, nachdem er ein Rennen auf der „Spinne" in Dresden-Hellerau verfolgt hatte. 1960 entstand sein Rennwagenkollektiv. Nach dem Fahrschulbetrieb wurden in der Melkus-Werkstatt Rennwagen gebaut. Die erste Kleinserie von über 80 Monoposti auf Wartburg-Basis für die Formel Junior baute er zwischen 1959 und 1962. Es folgten die Melkus Baureihen '63 und '64, die erfolgreich in der Formel Junior und in der Formel 3 eingesetzt wurden. Die „Zigarre" wird noch heute bei Rennen eingesetzt. Neben sechs DDR-Meisterschaften gelang es Heinz Melkus dreimal, den Titel „Pokal für Frieden und Freundschaft" einzufahren. In seiner Laufbahn siegte er bei 80 von insgesamt etwa 200 Rennen.

Heinz Melkus vor dem von ihm entwickelten RS 1000

Fassungslose Gesichter

Die Menschen, die einen RS 1000 sehen, lassen sich in zwei Kategorien einteilen: Die aus der ehemaligen DDR und die aus den anderen Teilen der Welt. Das trennende Kriterium ist der Gesichtsausdruck, wenn ein Melkus vorbeidonnert. Denn diese Bezeichnung verdient das Zweitakten eines Melkus-Motors. Die Mimik der Ostdeutschen zeigt freudiges Wiedererkennen. Der Gesichtsausdruck der anderen ist zum Malen. Die Ursache für das ungläubige Staunen und die verblüfften Mienen ist die Tatsache, dass es „so etwas" in der DDR gegeben hat. Hinzu kommen der Seltenheitswert eines Melkus RS 1000 und sein elegantes Design.

Baugrundsätze des Melkus RS 1000

Heinz Melkus faszinierten die Baugrundsätze des britischen Lotus: Extrem leicht, geringer Luftwiderstand und optimierte Fahreigenschaften durch den Motor in Mittellage. Genau einhundertundein Sportwagen dieses legendären Typs verließen zwischen 1969 und 1979 die Rennwagenmanufaktur der Heinz Melkus KG in Dresden. Der Prototyp mit der Seriennummer eins ist heute noch im Besitz der Familie Melkus. Der „GT 1" war 1968 fertig, der erste Serienrenner folgte 1969. Erstmals der Öffentlichkeit präsentierte Heinz Melkus den RS 1000 am 13. und 14. September 1969 beim Dresdner Autobahnspinne-Rennen. „Der Prototyp und das erste Serienfahrzeug waren in nebenberuflicher Feierabendarbeit entstanden", erinnert sich Frank Nutschan. Der spätere Chefmechaniker stieß 1971 zum Melkus-Team. Bei Rennen avancierte er zum ständigen Begleiter von Heinz Melkus. Den „GT 1" hatte er in persönlicher Pflege.

Entstanden war der RS 1000 zunächst als Gipsmodell im Maßstab 1:5. Daran hatte an der Berliner Hochschule für bildende Kunst ein Diplom-Formgestalter das Design optimiert. Die Entwicklungsabteilung von Robur in Zittau baute ein Modell im Maßstab 1:1. Als davon die Karosserieteile abgenommen wurden, passierte ein Übertragungsfehler. Die Karosserie fiel um zehn Zentimeter breiter aus als im Modell. Auf Bildern von alten RS 1000 mit Reifen der Dimension 155 SR 13 lässt sich das noch erahnen. Die Seitenwände der Reifen und die Karosserie liegen nicht in einer Flucht. Das Aufziehen von Breitreifen – vorne 205/60 R 13, hinten 225/60 R 13 – behebt diese optische Dissonanz.

Bei den Baugruppen des RS 1000 bediente sich Heinz Melkus der Komponenten, die auf dem Markt waren. Die Basis des RS 1000 war der Wartburg 353 aus den 60er-Jahren. Dessen Kastenprofilrahmen ist beim RS durch eine Ypsilon-Traverse verstärkt. Sie steigert die Verwindungssteifigkeit. Die Stoßdämpferaufnahmen sind herabgesetzt, die Federaufnahmen verkürzt. Frontscheibe und Windlauf sind ebenfalls dem Wartburg 353 entliehen. Von Hand gefertigt ist deren Verkleidung. Im Verhältnis zum Ursprungsmodell ist der Windlauf in einem wesentlich flacheren Winkel eingesetzt. Diese Verfeinerungen ergaben die niedrige Fahrzeughöhe von 1,07 Metern. Die anfangs runden Heckleuchten kamen aus dem Nutzfahrzeugsektor, die später verwendeten eckigen Rückleuchten von Lada und Skoda. Die Heckscheibe aus Sicherheitsglas hatte Heinz Melkus im Dresdener Straßenbahndepot entdeckt. Die anderen Fenster bestanden aus Piacryl-Kunststoff.

Im Bug und Heck ist glasfaserverstärktes Polyester verarbeitet. Die Haubenscharniere stammen vom Skoda MB 1000. Für das Dach und die Flügeltüren wurden Stahlblech oder Aluminium verwendet. Aufwändig war das Formen des gewölbten Dachblechs mit den Ausschnitten für die Türen. Die Passform der Karosserieteile wurde an jeden Rohbau individuell angepasst und danach lackiert. Nach dem Durchhärten des Lacks erfolgte Schritt für Schritt das Montieren der Blechteile. Der Überrollbügel ist in die B-Säule integriert. Scheibenrahmen und Überrollbügel sind mit

zwei Dachstreben verbunden, an denen die Flügeltüren angeschlagen sind.

Die Bodenwanne besteht aus Aluminiumblech. Die beiden Tanks mit einer Füllmenge von jeweils 25 Litern sind im rechten und linken Schweller platziert. Sie liegen damit dicht am physikalischen Schwer- bzw. Drehpunkt des Fahrzeugs. Ein Überlauf zwischen den Tanks sorgt für einen ausgeglichenen Füllstand. Ein abnehmendes Kraftstoffvolumen macht das Fahrzeug leichter, verschiebt aber nicht dessen Schwerpunkt in Längsrichtung.

Ein Hilfsrahmen für die Aufnahme des Motors

Für die Aufnahme des Mittelmotors im RS 1000 hatte der Wartburg 353 nichts zu bieten, denn der fuhr mit einem Frontmotor. Deshalb konstruierte Heinz Melkus für den RS einen Hilfsrahmen. Den verschweißte er mit dem Kastenprofilrahmen. Das 5-Gang-Getriebe bestand aus dem umgebauten Getriebe des Wartburg 353. Ein Arbeitsgang, bei dem alles bis auf den Bruchteil eines Millimeters genau stimmen musste.

Das Ergänzen eines fünften Ganges war erforderlich, weil nur in diesem Übersetzungsverhältnis die höhere Endgeschwindigkeit realisiert werden konnte. Im RS ist der Standardmotor aus dem Wartburg 353 mit drei BVF-Vergasern bestückt, die Überströmkanäle sind geschliffen und bearbeitet. Ein Zylinderkopf vom Barkas und eine Sportkurbelwelle ergänzen die Modifizierung. Die Auspuffanlage ist ein Eigenbau mit einem veränderten

Neuauflage RS 1000 Sonderedition „Heinz Melkus"

Geniale Flügeltüren. Allerdings erlahmten die früheren Türdämpfer nach und nach.

Krümmer. Am Auspufftopf war mit verschiedenen Längen und Querschnitten so lange experimentiert worden, bis das Optimum erreicht war. Ein Nachschalldämpfer rundet den Eigenbau ab.

Höchstgeschwindigkeit auf Straßen und bei Rennen nicht identisch

Das leistungsgesteigerte Serienaggregat aus dem Wartburg 353 erzeugt in dieser Basiskonfiguration 70 PS bei 4.500 $U/_{min}$. Eine Alternative ist das Aufbohren des identischen Motors auf 1.118 cm^3. Dieselbe Leistung wird dann bei 4.750 $U/_{min}$ erreicht. 170 km/h attestieren die Fahrzeugpapiere auf öffentlichen Straßen. Die maximale Rennleistung lässt sich durch den Austausch gegen größere Rennvergaser, eine Bestückung mit größeren Düsen, den Abbau des Nachschalldämpfers und des Luftfilters erreichen. Die Leistung liegt dann bei 115 PS, die V_{max} oberhalb von 200 km/h. Die Bordinstrumente sind Sonderanfertigungen für den Rallye-Sport.

Die Strömungsverhältnisse sind eine Wissenschaft für sich

Windkanaluntersuchungen hatten für damalige Verhältnisse den erstklassigen c_W-Wert von 0,29 ergeben. Die Aerodynamik ist so ausgelegt, dass beim Fahren die gesamte Luft an der Karosserie vorbeiströmt. Windflips an den Scheibenwischern sorgen dafür, dass diese durch den Unterdruck auf der Karosserieoberfläche nicht von der Scheibe gesaugt werden. Die Kühlluft für den nach vorne verlegten Motorkühler tritt an der Fahrzeugfront ein und durch einen Lüftungsspalt zwischen Motorhaube und dem vorderen Schriftzug „RS 1000" wieder aus. Normalerweise würden die Strömungsverhältnisse einen Austritt der Kühlluft verhindern und einen Rückstau am Kühlluftkanal verursachen. Deshalb ist vor dem Austritt eine nach oben angestellte Blechleiste aufgeschraubt. Der abgelenkte Fahrtwind erzeugt einen Unterdruck. Dieser saugt die Kühlluft durch den Luftaustritt aus dem Kühlluftkanal heraus. Das gleiche Prinzip wird auf der Rückseite des Fahrzeugs angewendet. Ein in das vollständig aufklappbare Heck integrierter Spoiler saugt die Warmluft aus dem Fahrzeuginneren. Ein spürbar kühlender Luftzug weht allerdings nur bei heruntergekurbelten Seitenscheiben durch das Cockpit.

Sensationelles Fahrvergnügen

Das Triebwerk erwacht mit einem kernigen Brüller zum Leben. Fällt die Drehzahl in den Leerlauf zurück, ist das typische Klackern des Zweitakters zu erkennen. Dabei klingt jede Zündung, als ob sie ein Echo in den Tiefen der Auspuffanlage erzeugt. Das fast ungedämmt in die Mittelzelle eindringende Motorgeräusch hört sich an wie das Donnern einer schnell schwingenden Metallplatte. Die direkte Lenkung und die Wirkung der Dämpfer vermitteln das Gefühl, als ob der Renner auf der Straße klebt. Fahrbahnunebenheiten quittiert der RS mit einem angedeuteten Zucken der Zelle. Geschwindigkeit wird in einem Melkus nicht über den angezeigten Wert auf dem

Tacho definiert, sondern über den Fahrspaß – und der beginnt oberhalb des Leerlaufs.

Überraschend schnell steht der Wechsel vom vierten in den fünften Gang an, eine Besonderheit des RS 1000: Beim Hochschalten muss die Ebene des ersten und zweiten Ganges gekreuzt werden. Denn der am serienmäßigen 4-Gang-Getriebe des Wartburgs ergänzte fünfte Gang liegt bei der H-Kulissenschaltung gegenüber vom Rückwärtsgang.

Die Philosophie des Rennsports bestimmte die Arbeit

„Ab Freitag um eins, macht jeder seins!" – Dieses geflügelte Wort über die Arbeitszeit in der DDR war im Melkus-Team nur vom Hörensagen bekannt. Die Philosophie des Rennsports bestimmte den Rhythmus. Bis zum Startschuss hatte ein Auto fertig zu sein. Frank Nutschan erinnert sich, wie der RS 1000 zu seinen ersten Breitreifen kam. Anfang der 70er-Jahre wurde der Melkus auf dem Autosalon in Genf ausgestellt. Der RS wurde mit der Eisenbahn in die Schweiz transportiert. Bei der Rückkehr stapelten sich die serienmäßigen Pneumant-Normalreifen aus der DDR im Innenraum. Auf den Achsen steckten Breitreifen von Dunlop. So hatten sich die Genfer für das Überlassen des Ausstellungsstückes bedankt. Der Zoll und die Grenzorgane hatten wohl gedacht, die zwei Reifensätze gehörten einfach dazu. Die Dunlop-Aufschrift auf den Seitenwänden der Reifen hat keiner gelesen. Oder einfach nicht lesen wollen.

Keine schlechten Gedanken über den Staat

Die Details des RS 1000 kannten nur Insider. Schrauber, die ihre Renner um zusätzliche Accessoires ergänzten, behaupteten bei Verkehrskontrollen einfach, sie hätten den Melkus in diesem Zustand gekauft. Kein Verkehrspolizist konnte derartige Behauptungen nachprüfen. Tatsächlich mussten einige Details immer wieder variiert werden, ohne am Konstruktionskonzept zu rütteln. Das war der Versorgungslage geschuldet. Frank Nutschan berichtet, wie es damals bei den RS-Rennen zuging: „Vor dem Start baute der Fahrer den Motor um. Während des Rennens saß seine Frau auf der Wiese auf einer Decke mit den abgebauten Motorteilen." Der RS 1000 war nach dem FIA-Reglement in der Gruppe 4 (Sportwagen bis 1,3 Liter) homologiert. Seine Domäne waren Rundstrecken und Bergrennen. Bei den Rennen in der DDR sei den Zuschauern für damalige Verhältnisse viel geboten worden, erinnert sich Frank Nutschan: Rennatmosphäre, Rennwagen und das Dröhnen der Motoren. Auch eine Bockwurst und Bier habe es für die Besucher gegeben: „Die Leute waren am freien Wochenende beschäftigt, ohne Zeit zu haben für schlechte Gedanken über den Staat und seine Mangelwirtschaft …!"

Der Trick beim Kauf eines RS

Den RS 1000 konnte man kaufen, aber nicht jeder durfte ihn kaufen. Trotz seines auch für damalige Verhältnisse stolzen Preises von knapp 30.000 (Ost-)Mark war der Sportwagen äußerst begehrt. Der angehende Besitzer musste Bedingungen erfüllen. Allein die Verpflichtung, mit dem RS 1000 Rennen zu fahren, eröffnete die Aussicht auf dessen Besitz. Dazu hatte der Interessent Mitglied im ADMV und im Besitz einer Rennlizenz zu sein. Diese Bedingungen waren die zwingenden Voraussetzungen, um als Käufer für einen RS 1000 infrage zu kommen. Die Renneinsätze waren in einer Art Fahrzeugbegleitbuch durch Rennstempel nachzuweisen. Der Trick: Der RS-Besitzer brauchte die Rennen nicht selbst zu fahren. Es reichte, wenn er eine Person mit Lizenz als Rennfahrer namhaft machen konnte. Den

Den RS 1000 gab es in verschiedenen Farben. Kleine Details variierten wegen der Versorgung.

Das Armaturenbrett des RS 1000

ließ der Besitzer einige Rennen fahren. Die Bedingungen waren erfüllt und alle waren zufrieden.

Das Material bleibt aus

1979 waren einhudertundein Melkus RS 1000 ausgeliefert. Es heißt, Heinz Melkus habe von den Behörden nur die Genehmigung für den Bau von 101 Einheiten gehabt. Es gibt kein Dokument, das diese Behördenauflage belegt. Auch die Familie Melkus widerspricht dieser Version. In der zweiten Hälfte der 70er-Jahre waren die Materialzuweisungen ins Stocken geraten und schließlich ganz ausgeblieben.

Die Familie Melkus widmete sich wieder ausschließlich dem Bau und Modifizieren von reinen Rennfahrzeugen und der Teilnahme am Motorsport. Ulli Melkus, der erste Sohn von Heinz Melkus, gewann fünfmal den Titel DDR-Meister, fünfmal war er Gewinner des Pokals für Frieden und Freundschaft und neunmal Vizemeister in der DDR. Noch während er am Bau des RS 1000 beteiligt war, konstruierte er sein erstes eigenes Projekt, den Melkus Spider. Für seine Erfolge hatte er 1984 die höchste Auszeichnung der DDR im Sport verliehen bekommen. Ulli Melkus steht in der ewigen Bestenliste des ADMV. 1990 konstru-

Der Motor des RS 1000 ist ein veredelter, leistungsgesteigerter Wartburg-Motor.

ierte er den ersten Rennwagen mit BMW-Motor. Im selben Jahr verunglückte er bei einem Verkehrsunfall tödlich.

Peter Melkus, der zweite Sohn von Heinz Melkus, war seit seinem 14. Lebensjahr im K-Wagensport aktiv, ab 1973 fuhr er nationale und internationale Sportwagenrennen, von 1977 bis 1980 in der höchsten Rennfahrzeugklasse der DDR. Dem historischen Motorradrennsport widmete er sich mit einer Indian, Baujahr 1927. Nach der deutschen Einheit startete er mit einem BMW M3 E30 in der Deutschen Tourenwagen Challenge. Er nahm an der Caterham Yokohama Challenge, dem Lotus Cup und mehreren Tourenwagen Cups teil. Bei historischen Einsätzen fährt er die von Heinz Melkus konstruierte „Zigarre" und den RS 1000.

Der Wartburg-Rahmen ist beim RS 1000 um einen Hilfsrahmen zur Aufnahme des Motors ergänzt worden. Der Wartburg hatte einen Frontmotor, der RS 1000 einen Motor in Mittellage.

Limitierte Sonderserie „Heinz Melkus"

Nach der Wende löste das Autohaus Melkus GmbH die Fahrschule ab. Die Niederlassung war die erste BMW-Vertretung in den neuen Bundesländern. 2006 fiel die Entscheidung, den legendären Melkus RS 1000 in einer limitierten Sonderserie „Edition Heinz Melkus" originalgetreu neu aufzulegen. Heinz Melkus war ein Jahr zuvor im Alter von 78 Jahren verstorben. Trotz seiner Erfolge hatte er nie die Bodenhaftung verloren. Zu seinem 70. Geburtstag erwiesen ihm die Besitzer aller fahrbereiten RS 1000 die Ehre, mit ihren hochglänzenden Rennern auf seinem Dresdener Betriebsgelände aufzufahren. Es muss ihm sehr nahe gegangen sein. Ein Kenner der Familie Melkus weiß, Peter Melkus habe seinem Vater auf dem Sterbebett versprechen müssen, den RS 1000 wieder aufleben zu lassen. Die Nachricht über die limitierte Neuauflage war noch nicht richtig veröffentlicht, da waren die Bestellungen bereits unterschrieben. Die Sonderserie ist auf 15 Fahrzeuge begrenzt. Der erste RS 1000 der „Sonderedition Heinz Melkus" wurde im November 2006 im Lichthof des Verkehrsmuseums Dresden seinem Besitzer übergeben.

TECHNISCHE DATEN MELKUS RS 1000

Modell	Melkus RS 1000	Melkus RS 1000 (Rennversion)	Melkus RS 1000 Sonderedition „Heinz Melkus"
Hersteller	Melkus KG Dresden	Melkus KG Dresden	Melkus KG Dresden
Bauzeit	1969–1979	1969–1979	2006–2008
Motor	Zweitakt-Reihenmotor	Zweitakt-Reihenmotor	Zweitakt-Reihenmotor
Zylinder	3	3	3
Hubraum (cm^3)	992	1.150	993
Leistung (PS)	70	100	75
Bei $U/_{min}$	4.500	4.500	4.500
Gemischaufbereitung	3 Zentralschwimmer-Flachstromvergaser BVF 28	3 Rennvergaser	3 Zentralschwimmer-Flachstromvergaser BVF 30
Getriebe	5-Gang-Getriebe mit Knüppelschaltung	5-Gang-Getriebe mit Knüppelschaltung	5-Gang-Getriebe mit Knüppelschaltung
Antrieb	Heck	Heck	Heck
Bremsen	Trommeln, optional Scheibenbremsen vorne	Trommeln, optional Scheibenbremsen vorne	vorne Scheiben, hinten Trommeln
Höchstgeschwindigkeit (km/h)	165	200	170
Spurweite (mm)	1.340 vorne, 1.380 hinten	1.340 vorne, 1.380 hinten	1.340 vorne, 1.380 hinten
Reifen	155 SR 13, 165 SR 13, 205 SR 13	155 SR 13, 165 SR 13, 205 SR 13	155 SR 13, 165 SR 13, 205 SR 13
L x B x H (mm)	4.000 x 1.700 x 1.070	4.000 x 1.700 x 1.070	4.000 x 1.700 x 1.070
Leergewicht (kg)	690	510	680–700
Gemischverhältnis (Öl:Benzin)	1:33	1:33	1:33 bis 1:50
Verbrauch (l/100 km)	10	12	10
Preis	29.800,– (Mark)	k.A.	49.500,– (Euro)
Stückzahl	101	k.A., modifiziert aus der Standardausführung	15

Die Neuauflage des Melkus RS 1000 Sonderedition „Heinz Melkus" basiert – wie der frühere Melkus RS 1000 – auf dem Wartburg 353. Die traditionellen Komponenten sind regeneriert und neuwertig. Der Motor ist der auf 70 PS getunte Wartburg-Zweitakter.

Kaufberatung

Damals für viele unerreichbar, heute bezahlbar. Es gibt viele Gründe, einen Wartburg als Oldtimer zu fahren. Die Technik des Wartburgs ist überschaubar und auf Langlebigkeit ausgelegt. Die Ersatzteillage ist immer noch gut. Dennoch sind beim Kauf einige Feinheiten zu beachten. Eine ist nicht einmal technischer Art. Denn nicht jeder Wartburg ist schon ein Oldtimer.

Vorsicht bei Youngtimern

Die Limousine und der Camping aus der Wartburg-Baureihe 311 und 312 sind die preiswerte Art, einen Kultklassiker zu fahren. Die Standardtypen der 312-Serie sowie Limousine und Kombi („Tourist") der 353-Serie sind auch für Anfänger geeignet. Vorausgesetzt, sie sind in einem guten Zustand. An den wartungsintensiveren 311 sollten sich nur Fortgeschrittene wagen. Coupés, Cabrios und HTs (Hardtop) sind etwas für betuchte Spezialisten.

Eine Warnung vorneweg: Youngtimer aus Eisenach gibt es in gutem Zustand zu verführerisch niedrigen Preisen. Doch bei ihnen ist Vorsicht geboten, oder besser gesagt, ein Augenblick des Nachdenkens. Der Haken liegt nicht irgendwo in der Technik versteckt, der Haken sind die Umweltzonen in den Städten. Einerseits hat keiner der Youngtimer eine Chance auf eine Umweltplakette, andererseits hat er auch noch keine Chance auf ein H-Kennzeichen! Wer also seinen Wartburg 353 auch mal im Alltag fahren will oder gelegentlich Umweltzonen kreuzen möchte, braucht einen Wagen, der aufgrund seiner Erstzulassung die Chance auf ein H-Kennzeichen hat.

Ein Geschäft lässt sich mit dem Restaurieren eines Wartburgs (noch) nicht machen. Zumindest wenn es sich um eines der Standardmodelle handelt. Denn die Anschaffung und die Restaurierungskosten – Arbeitszeit und

VIERTAKTENDE YOUNGTIMER: KEINE CHANCE AUF DIE UMWELTPLAKETTE

Der Rahmen des Wartburgs 311 blieb während seiner gesamten Produktionszeit fast unverändert.

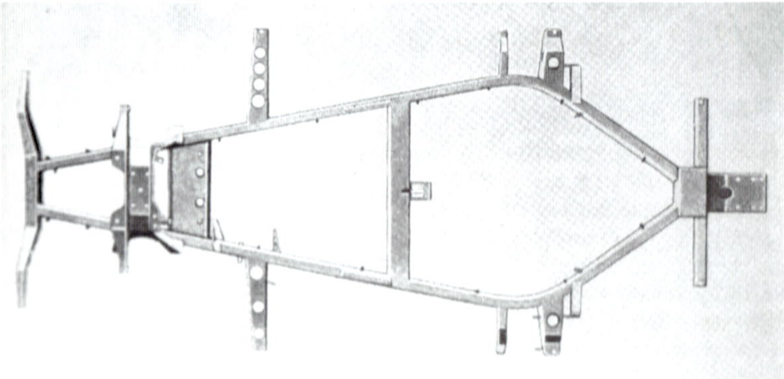

Rost: Der Auspuff lässt sich auswechseln, aber rechts daneben: Standrost oder durchgerostet?

Ersatzteile – übersteigen den aktuellen Marktwert. Wer also dennoch restaurieren will, muss entweder Spaß an dieser Art von Beschäftigung haben, oder er ist einer der Idealisten, der sich einen Wartburg originalgetreu aufbauen möchte. Denn im zeitgenössischen Auslieferungszustand werden die Wartburgs nur ganz selten angeboten. Es war in der DDR üblich, geradezu selbstverständlich, seinen Wartburg mit den technischen Neuerungen nachzurüsten. In einem Land mit langen Wartezeiten auf Neufahrzeuge ergab das Sinn. Man kann in dieser Art des Nachrüstens durchaus eine eigenständige Art der Originalität sehen, sie war unverzichtbar.

Gebaut wurden die Wartburg-Automobile für das Verkehrsszenario in der DDR. Das bedeutete eine Höchstgeschwindigkeit auf der Landstraße von 90 km/h, später – ab Anfang der 80er-Jahre – von 80 km/h und auf der Autobahn von 100 km/h. Das bedeutete auch ein niedriges Verkehrsaufkommen und im Vergleich zu heute umgekehrte Verhältnisse bei der Qualität des Fahrbahnbelages. Damals waren in Ostdeutschland die Straßen schlecht. Heute kann ein Wartburg 312 im Verkehrsfluss der Landstraße gerade mitschwimmen. Selbst mit dem unwesentlich schnelleren Wartburg 353 W wird man sich auf der Autobahn häufiger auf der rechten als auf der mittleren Spur wiederfinden. Es sei denn, der Motor wird ständig unter Volllast gefahren. Auf die älteren Modelle lauern Gefahren im Stau und im Stop-and-go-Verkehr.

Getriebe und Achsantrieb des 311 mit Hardy-Gelenken

Getriebe und Achsantrieb des 312 mit nadelgelagerten Drei-Finger-Gelenken am Getriebeausgang

Warme Kühlluft „kühlt"

Der Wartburg 311 hat eine Thermosyphonkühlung: Warmes Wasser steigt im Kühlsystem nach oben, kühleres Wasser sinkt nach unten, ohne Thermostat und Pumpe. Der Kühler befindet sich hinter dem Motor, der Kühllüfter ist von der Drehzahl des Motors abhängig. Die Luft strömt durch den Grill, trifft auf den Motor und gerät dann in den Sog des Lüfters, der die Luft durch den Kühler drückt. Bei langsamer Fahrt bleibt der Durchsatz der Luft gering. Sie erwärmt sich noch beim Umströmen des Motors, bevor sie in den Kühler gerät. Bei langsamer Fahrt ist also die Kühlwirkung gering, die Temperatur des Kühlwassers steigt. Je weiter sich das Kühlwasser erwärmt und je kleiner die Temperaturunterschiede im Kühlwasserkreislauf sind, desto langsamer zirkuliert das Kühlwasser. Eine fatale Addition der Wechselwirkungen, bis der Motor kocht.

Andererseits: Je kälter der Winter, desto niedriger die Betriebstemperatur der Motoren. Dann bleibt auch die Heizung kalt. Diesen Effekt mindert eine Jalousie, die hinter dem Kühler angebracht ist. Der Fahrer kann sie per Bowdenzug verstellen. Ende der 50er-Jahre wandert die Jalousie nach vorn hinter den Grill. Im Sommer lassen sich die Lamellen nicht nur für einen erhöhten Kühlluftdurchsatz öffnen, sie lassen sich auch so anstellen, dass die Luft über den Motor hinweg in den Kühler strömt. Der Motor lief nicht mehr so schnell heiß.

Ab dem 2. Januar 1962 wurde der Wartburg mit dem 992-cm³-Motor („1000er") ausgeliefert: der Wartburg 311-1000. Ein Thermostat sicherte die Wirkung der Heizung, eine Wasserpumpe beschleunigte die Zirkulation des Kühlmittels. Die Thermik war so günstig geworden, dass der Motor von da an mit einem kleineren Kühler auskam.

Beim Fahren um den Gefrierpunkt neigen die Flachstromvergaser zum Vereisen. Davon kündet intensiver Abgasqualm. Das Eis verkleinert den Querschnitt des Vergasers, das Gemisch wird immer fetter – bis es nicht mehr zündet. Während das Auto ausrollt und der Fahrer die Haube aufmacht, hat die Motorwärme das Eis abgetaut. Der Motor startet und läuft problemlos. Bis das Vereisen erneut

Überhitzungsgefahr bei alten Motoren ohne Wasserpumpe

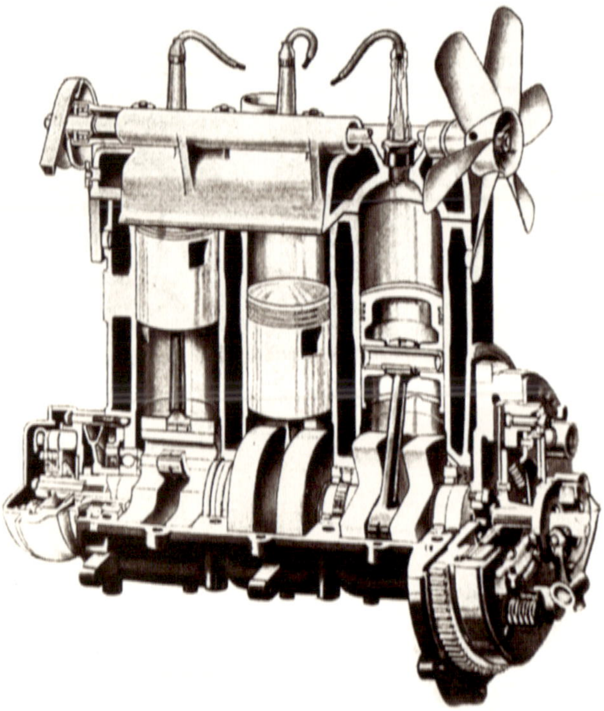

Unruhiger Motorlauf im Schiebebetrieb, Zwischengas geben für Motorschmierung

beginnt. Gegen vereisende Vergaser helfen Kleinigkeiten, z. B. ein Stück Pappe. Das zurechtgeschnittene Teil wird so vor den Vergaser geklemmt, dass dieser vor nasskaltem Fahrtwind geschützt ist.

Der 900-cm^3-Motor des Wartburg 311 hatte anfangs 37 PS, ab 1961 40 PS und der neue 1000er-Motor brachte es auf 45 PS. Die Hubraumsteigerung wurde durch eine größere Bohrung bei gleichem Hub und einen modifizierten Vergaser erreicht. Der 900-cm^3-Motor hat zwölf, der 992-cm^3-Motor („1000er") acht Stehbolzen. Sagt man. Aber es scheint auch einige 900er-Motoren mit acht Stehbolzen gegeben zu haben. Fast alle 900-cm^3-Maschinen scheinen nachträglich gegen 992-cm^3-Motoren getauscht worden zu sein. Kein Wartburg gleicht dem anderen, üblicherweise. Denn das chronisch knappe Material erzwang bei der Fahrzeugmontage abweichende Details. Verbaut wurde das, was auf Lager war. Die AWE-Brigaden (Arbeitsgruppen, Arbeitsschichten) standen unter dem Druck der Planerfüllung.

Zweitakter erfordern eine bestimmte Fahrtechnik, damit der Motor durch das Kraftstoffgemisch richtig geschmiert ist – und damit es während der Fahrt auch so bleibt. Je weiter das Gaspedal durchgetreten wird, desto mehr Schmieröl wird dem Motor zugeführt. Der Wartburg liebt Drehzahlen oberhalb von 3.000 $U/_{min}$. Die Bedienungsanleitung empfiehlt, auch bei konstanter Fahrt auf ebener Strecke immer wieder mal das Gas zu variieren und dabei auch etwas mehr Gas zu geben. Damit die Motorschmierung durch die erhöhten Ölanteile im Kraftstoffgemisch gefördert wird.

Bergab mit gesperrtem Freilauf muss „Zwischengas" gegeben werden. Immer wieder. Einfach so, unabhängig von der Synchronisierung des Getriebes. Der Motor läuft im Schiebebetrieb, oberhalb des Leerlaufs, mit Drehzahlen abhängig vom eingelegten Gang und der Geschwindigkeit. Dabei wird kaum Kraftstoffgemisch benötigt, der Motor erhält deshalb fast kein Schmieröl. Jedenfalls zu wenig, wenn die Drehzahl oberhalb des Leerlaufniveaus liegt. Wer das im Bergland bei einem neuen oder komplett regenerierten Motor vergaß oder vergisst, erreicht(e) keine 50.000 Kilometern. Einen Bergland-Wartburg mit über 50.000 Kilometer kann man dagegen umso bedenkenloser kaufen, soweit es den Motor betrifft.

Leider gibt es fast keine Tankstellen mehr, an denen das Zweitaktgemisch gezapft werden kann. Und wenn doch, dann sind es Säulen mit dem Mix 1:50 (ein Anteil Zweitaktschmieröl auf 50 Anteile Benzin). Dieses Verhältnis durfte allerdings erst beim Baumuster 312 eingefüllt werden. Davor lag es bei 1:33. Die 900-er Motoren hatten noch 1:25 gebraucht. Die „höhere" Mathematik zum Herstellen des Kraftstoffgemisches aus Benzin und Öl kann man lernen, zumindest wenn man den Dreisatz beherrscht. Andernfalls lässt man sich besser eine Tabelle für das Mi-

schen unterschiedlicher Tankfüllmengen aufschreiben. Generell gilt es als günstiger, etwas fetter als minimal möglich zu fahren.

Bei älteren Modellen sind die Übergänge zwischen den Karosserieblechen verzinnt.

Individuell verbessert

Die Peripherie des Triebwerks kann noch wie früher aussehen, oder wie ein Mix aus Alt und Neu. Mitunter stecken unter den Motorhauben gleicher Typen ungleiche Zündspulen, und das in differierenden Lagen. Einige Wartburgs haben einen neuen Motor, aber das alte Kühlsystem behalten, mit großem Kühler, aber ohne Wasserpumpe und Thermostat. Auch das später serienmäßige Auffangblech unter dem Flachstromvergaser mag fehlen. Es verhinderte, dass aus dem Vergaser austretendes Gemisch-Öl auf den darunterliegenden Anlasser tropfte.

Qualitative Verbesserungen waren eine Spezialität der Autobesitzer in der DDR. Soweit möglich, spendierten sie ihren Autos alle Neuerungen aus der laufenden Serie. Denn die Neuteile gab es eher als die Ersatzteile für ältere Typen. Durch Regeneration überlebten die Autos ihre errechneten Laufzeiten um das Mehrfache. Für Originalitätsfreunde der blanke Horror, wenn sie ein Auto in originalgetreuem Auslieferungszustand kaufen wollen.

Bruchgefahr für Federblätter und Federauge

Kavalierstarts mit dem 1000er-Motor im Wartburg sind riskant. Dabei knacken dessen äußere Antriebsgelenke gelegentlich durch. Nachdem sich die Zentralschmierung nicht bewährte, lieferte AWE den 311 mit ca. 15 Schmierstellen aus. Die genaue Zahl variierte, so gab es z. B. drei oder vier Schmierstellen am Schwenklager. Die Zentralschmierung hatte die Lenkung, die Spurstangen- und Achsköpfe sowie die Pedalwelle mit Öl geringer Viskosität versorgt. Die Ölleitungen hatten einen Innendurchmesser von 2,5 mm. Eine Kontrolle, ob sie verstopft waren, gab es nicht. Beim 312 und 353 brauchten nur noch das Kupplungs- und die Handbremsseile sowie die Pedalwelle durch Selbermachen des Fahrers geschmiert zu werden. Der in den Betriebsanleitungen angegebene Schmierzyklus von 25.000 Kilome-

Gefahr wegknackender Antriebswellen bei schnellem Anfahren mit eingeschlagenen Rädern

Korrosionsvorsorge durch die Erstbesitzer: Zur Rostabwehr ist die Aufnahme in Elaskon getränkt.

tern galt für damalige Verhältnisse. Bei den heutigen Kultklassikern altert und härtet das Fett noch, bevor es verbraucht ist. Deshalb empfiehlt es sich, nach Bedarf zu schmieren. Mit der Tendenz zu deutlich kürzeren Intervallen. Das Schmieren der Doppelgelenkwellen, Radlager, Schwenklager (nur Wartburg 311), Spurstangengelenke, Lenkgetriebe sowie Kupplungs-, Handbremsseil und Pedalwelle erledigte früher die Werkstatt bei den regulären Wartungsarbeiten alle 50.000 Kilometer. Heute empfiehlt sich beim Selbermachen auch hier ein Verkürzen der Intervalle.

Ein Nachteil des Zweitaktmotors ist im Schiebebetrieb der unruhige Lauf. Er mindert den Fahrkomfort. Dem wirkt der Freilauf entgegen. Wenn der Fahrer Gas wegnimmt, wird die Kraftübertragung unterbrochen. Sie wird wieder geschlossen, wenn der Fahrer Gas gibt oder wenn die Fahrgeschwindigkeit unter die Leerlaufdrehzahl sinkt. Der Freilauf lässt sich auch sperren. Im Freilauf können die Gänge zwei bis vier der teilsynchronisierten Getriebe (Wartburg 311 und 312) ohne zu kuppeln geschaltet werden. Beim vollsynchronisierten Getriebe des Wartburgs 353 gilt das zusätzlich auch für das Hochschalten vom ersten in den zweiten und beim Runterschalten vom zweiten in den ersten Gang. Der Fahrer braucht nur das Gas wegzunehmen, dann kann er den Schalthebel in den nächsten Gang bewegen. Das Drucklager, der Kupplungsautomat und das Kupplungsseil werden geschont.

Aus der DKW-Zeit stammten noch die Getriebe. AWE synchronisierte sie vom zweiten bis vierten Gang ab dem 31. Januar 1958. Für die Synchronisierungsringe musste das Getriebegehäuse ausgefräst werden, später wurde es mit Einbuchtung gegossen. Schaltwerk, Getriebe und Antriebswellen des Nachfolgermodells 353 können in den 312 eingebaut werden. Das Kupplungsseil ist im Bogen verlegt, weil es beim Fahren die Bewegungen von Motor und Getriebe gegenüber dem Rahmen ausgleichen muss. In straff gespannten Seilen beginnen irgendwann die einzelnen Drähte zu reißen. Die gerissenen Drähte kratzen an der Seilführung, die ineinander gedrehten Drähte flechten sich auf, das Seil beginnt sich zu strecken. Wenn einzelne Drähte des Kupplungsseils gerissen sind, fühlt sich der Pedalweg ruppiger und länger an, der Pedalanschlag wirkt wie ein ungenauer Widerstand. Bei Fahrzeugen, die vor dem 15. Mai 1960 ausgeliefert wurden, deutet ein Rupfen der Kupplung nicht zwangsläufig auf einen Defekt oder eine verschlissene Kupplung hin. Es kann auch am Kupplungsseil liegen, sofern dieses nicht mit einer druckfesten Hülle nachgerüstet wurde. Ab der Fahrgestellnummer 60 16 236 wurden serienmäßig Kupplungsseile mit einer druckfesten Hülle eingebaut.

Hart wie ein Brett

Der Wartburg hat eine Stahlblechkarosserie auf einem Kastenprofilrahmen. Hydraulische Trommelbremsen verzögern die Räder. Vorne hatte der 311 eine Einzelradaufhängung mit Querlenkern unten und Querblattfeder oben, hinten eine Starrachse mit hochliegender Querblattfeder und Längslenkern. Der 312 verfügte über Schraubenfedern und Einzelradaufhängung, vorne mit Doppelquerlenkern, hinten mit Schrägpendelhalbachsen. Das gleiche Fahrwerk hat auch der 353.

Der 311 ist hart wie ein Brett, der 312 weich wie eine Sänfte. Die Härte des 311 war der Reibung zwischen den Blattfedern geschuldet. Findige Fahrer legten aufgeschnittene Fahrradschläuche zwischen die Federblätter. Der Trick sprach sich schneller herum als die Schäden: Die Fahrzeuge federten durch, gebrochene Federlagen waren die Folge.

Die Karosserie ist leicht zu durchschauen. Nach dem Abschrauben der Motorhaube, des

Kompletter 992-cm³-Motor aus einem Wartburg 312: acht Stehbolzen (einige verdeckt), kleiner Kühler, Wasserpumpe (verdeckt), Thermostat (für eine bessere Heizwirkung), Vergaser mit Öl-Auffangblech (darunter ist die Spitze des Ablaufröhrchens zu erkennen, das das Öl am Anlasser vorbeitropfen lässt), Jalousie (verdeckt) direkt hinter dem Grill

Zum Vergleich ein 992-cm³-Motor mit acht Stehbolzen, aber ohne Wasserpumpe und Thermostat

Aufgequollene Sitzpolster müssen komplett ersetzt werden.

Innen- und Außenkotflügels sowie der Schürze hat man alles im Blick, fast alles. Die Autos aus Eisenach waren gut verarbeitet. Bis kurz vor dem Ende der Produktion. Allerdings musste der Erstbesitzer die Qualität mit Elaskon gegen Korrosion sichern. Meistens lässt sich heute noch erkennen, welcher Wartburg nach dem Kauf sofort in Elaskon gebadet wurde. Das Konservierungsmittel ist übrigens wieder im Angebot.

Als das Aus des AWE-Werkes in der heutigen Friedrich-Naumann-Straße in Eisenach abzusehen war, habe das Folgen für die Motivation der Mitarbeiter gehabt. So sagt man jedenfalls. Der Motivationsverlust hätte sich auch negativ auf die Verarbeitungsqualität ausgewirkt. Das kann so gewesen sein, aber es muss nicht so gewesen sein. Vielleicht wird auch die Verarbeitungsqualität mit den Kinderkrankheiten des Wartburgs 1.3 verwechselt. Die betrafen sowohl das neue quer eingebaute Antriebsaggregat aus Motor und Getriebe als auch deren neue Rahmenaufnahme. Getriebe und Rahmen waren noch nicht ausgereift. Wer einen 1.3 aus der Phase des Serienanlaufs vor sich hat, sollte versuchen zu prüfen, ob die entsprechenden Reklamationsarbeiten noch durchgeführt worden sind.

Rostgefährdet sind Bleche, die überlappend verschraubt sind. Dazwischen liegen die Rostquellen. Oben zwischen Kotflügel und Spritzwand liegt noch vor der A-Säule ein rostauslösendes Schmutzlager. Ist die Zusammenführung von A-Säule, Längs- und Querschweller korrodiert, sind Schweißarbeiten vorprogrammiert. Der Abstand des Karossenquerholms zu den beiden Längsträgern muss unter der Spritzwand mindestens 15 Millimeter betragen (siehe Seite 82, kleines Bild), sonst sind die Karossenauflagen durch- oder weggerostet. Dann liegt die Karosserie auf dem Rahmen auf. Fahrwerksbewegungen werden nicht mehr von den Rahmenauslegern aufgefangen, der Rahmen kann brechen.

Als weitere neuralgische Korrosionszonen gelten die Kofferraumseitenteile, die Türböden, die Längsschweller und die Reserveradmulde. Das Bodenblech ist rostgefährdet, wenn die Pedalblechabdeckung durchgerostet ist. Gewisse Gefahren bergen die Schiebedachmodelle. Neben dem grundsätzlichen Risiko eines Wassereintritts glauben Insider beobachtet zu haben, dass das aus den Ablaufschläuchen austretende Wasser die Korrosion der Schweller fördert. Im Innenraum lohnt ein Blick unter die Bodenbeläge: Seit Juli 1959 sind die Wartburgs mit Wasserablauflöchern im Fußkasten des Fahrgastraumes ausgestattet. Nur durch offene, nicht verstopfte Löcher kann Wasser ablaufen, das in den Innenraum geraten ist. Andernfalls initiiert die Feuchtigkeit Rost. Teppiche werden gerne mit dem Staubsauger gereinigt, aber wer schaut schon mal unter die „Perser“ im Fußraum?

Bei einer Fahrzeugbesichtigung empfiehlt es sich, die Blechstärke mit einem Trick zu prüfen: Wenn die Tür beim Anheben in leicht geöffnetem Zustand federnd nachgibt, ist das Karosserieblech schon weich und geschwächt. Der Lack verrät nicht, wie oft darunter das Blech (un)fachmännisch zu Lasten der Festigkeit geflickt worden ist. Das Federn der Tür darf nicht mit dem Spiel eines ausgeleierten Scharnierbolzens verwechselt werden. Dessen Spiel ist durch einen harten Widerstand begrenzt.

Kotflügel und Karosserie sind verschraubt. Nicht immer ist dieser Originalzustand erhalten geblieben. Fehlen die Kotflügelkeder, sind die Kotflügel mit der Karosserie verschweißt worden. Bei zukünftigen Reparaturen bleiben nur Meißel, Hammer und Trennschleifer. Anders lassen sich verschweißte Teile, die ersetzt werden sollen, nicht herauslösen.

KOMPATIBILITÄT PRÜFEN: DER KAUF VON ERSATZBLECHEN IST MASSARBEIT.

Beim Kauf von kompletten Ersatzblechen für einen Wartburg empfiehlt es sich, ein Maßband in die Hand zu nehmen und die Karosseriepartie auszumessen, die ersetzt werden soll, z. B. den hinteren Kotflügel. Findet man ein Ersatzblech, misst man dieses aus zwecks Prüfung der Kompatibilität mit der Karosserie. Normalerweise glichen sich die Toleranzen beim Karosseriebau am Fließband aus. Im Ausnahmefall konnten sich aber die Spaltmaße addieren, sodass sie am Ende außerhalb der Toleranz lagen. Das war dann der Fall, wenn die Monteure – zufälligerweise – am selben Fahrzeug ausschließlich Plus- oder Minus-Toleranzen ausgeschöpft haben. Dadurch können Abweichungen von bis zu mehreren Zentimetern vom Normmaß entstehen.

Der Monteur im Werk hatte die Auswahl unter einer Vielzahl von Karosserieteilen. Passte das eine nicht, suchte er sich ein passenderes Teil. Die „guten“ Teile wurden am Band verbaut, zu große und zu kleine Bleche wanderten in die Ersatzteilversorgung. Der Re-

Veränderte Armaturenbretter (hier serienmäßig) bedeuten eine veränderte Elektrik.

Rostgefahr an überlappend verschraubten Blechen

Fehlen die Keder, sind die Kotflügel nicht verschraubt, sondern angeschweißt.

staurierer hat so eine Auswahl nicht. Ihm bleibt nur das genaue Hinsehen und Messen. Dabei gilt die Faustregel: Ein zu großer Karosserieersatz ist weniger schlimm als ein zu kleines Teil, man kann es zur Not abschneiden.

Die abweichenden Maße bei gleichen Karosserieteilen entstanden, weil alle Bleche in denselben Pressmaschinen hergestellt wurden. Die Pressen standen über Jahrzehnte im Einsatz und waren zunehmend ausgelutscht.

Viele Bordnetze sind von 6 auf 12 Volt „hochgespannt“ und für zusätzliche Verbraucher eingerichtet worden. Neue Kabel wurden gelegt, alte Kabel woanders verlegt, Sicherungen ergänzt und neue Schnittstellen gebildet. Wer ohne Insiderwissen bei so einem Auto nach einem Kriechstrom oder Kurzschluss suchen muss, weiß um die Konsequenzen derartiger Individual-Verkabelungen. Graduell seltener wurden die Bordnetze der 353 verbastelt. Sie hatten von Anfang an eine Bordspannung von 12 Volt.

Gegen fehlende Teile helfen frühere Gewohnheiten. Die Menschen kauften Vorräte,

Eine aufgerüstete Elektrik beherrschen nur Spezialisten.

wenn es sie gab – um sie zu haben, wenn sie sie brauchten. Manchmal wurden sie nie gebraucht. Die damals auf Vorrat eingelagerten Teile lassen sich per Kleinanzeige oder Internet finden. Viele Teile werden inzwischen auch nachgefertigt. Eine Ausnahme bilden die Polster der Sitzgarnitur. Die Sitze wirken aufgequollen, wenn sich die Polster unter dem Sitzbezug verschoben haben. Eine Reparatur ist zwecklos. Entweder „neue" alte Sitze kaufen oder bei der Beschaffung auf Originalität verzichten.

Wer eines der seltenen Cabrios kauft, muss für Restaurierung und Unterhalt ein hübsches Sümmchen veranschlagen. Das Restaurieren der Ledergarnituren fürs Cabrio und den Sport ist teuer, richtig teuer. Das Verdeck des Cabrios besteht (von außen nach innen) aus Verdeckstoff, einer zwischen Baumwollstoff eingenähten Rosshaarschicht (als Winter-Isolierung) und Himmelstoff sowie der Abdeckpersenning fürs geöffnete Verdeck. Das Rekonstruieren eines Verdecks geht richtig ins Geld. Die Plane des HT ist dagegen ein Notverdeck, das nur aus Verdeckstoff besteht. Cabrio oder HT sehen ähnlich aus. Der Unterschied ist leicht zu erkennen: In geöffnetem Zustand liegt beim Cabrio das Verdeck auf der Karosserie auf, beim HT wird es in der Karosserie versenkt.

Limousine und Camping werden regelmäßig angeboten. Kombi, Cabrio, Coupé, HT sowie der 313/1 fast nie. Wenn doch, muss für ein gutes Coupé um die 20.000 Euro kalkuliert werden, für ein Cabrio deutlich mehr. Die Preisdifferenz zu den anderen Typen ist gewaltig: Eine Limousine in ordentlichem Zustand kostet 3.000, ein Camping etwa 5.000 Euro. Tendenz steigend. Richtig günstig zu haben sind gut erhaltene Wartburg 353, die noch keine 30 Jahre alt sind. Die werden mitunter schon für ca. 1.000 Euro angeboten. Aber deren Aktionsradius ist durch die Umweltzonen und in Ermangelung des Alters für ein H-Kennzeichen eingeschränkt.

ERST DENKEN, DANN FRAGEN:

„Und wo prüfe ich den Stand des Motoröls?" – Nicht vergessen, dass man diese Frage besser vergisst. Sie ist von Kaufinteressenten schon gestellt worden, an der Tankstelle während der Probefahrt oder bei der Fahrzeugbesichtigung. Das löst Heiterkeit aus. Zumindest in Ostdeutschland.

CHECKLISTE

Hilfe suchen
Zur Besichtigung einen Fachmann mitnehmen. Sie sind selbst ein Fachmann? Nehmen Sie trotzdem einen Begleiter mit.

Bühnenschau
Probefahrt machen, den Wartburg auf die Hebebühne nehmen.

Dichtigkeitskontrolle
Auto auf Schmiermittelverlust prüfen. Ein Tropfen darf schon mal verloren gehen. Aber richtige Inkontinenz ist auch beim Wartburg eine Krankheit.

Hörprobe
Bei der Probefahrt auf polternde Geräusche achten. Ursache können weggerostete Karosserieauflagen sein, beim Wartburg 311 auch gebrochene Federaugen.

Verbindungsrost
Die Schraubverbindungen aller überlappend verschraubten Bleche sind rostgefährdet.

Mit Fingerspitzengefühl
Indem man sich durch den Kotflügel tastet, lässt sich feststellen, ob oben im „Schmutzlager" zwischen Kotflügel und Spritzwand der Rost frisst.

Ausprobieren
Beim Blick nach unten, vorbei am unteren A-Säulenscharnier, lässt sich der Hohlraum oberhalb des Schwellers einsehen. Dort treffen A-Säule, Quer- und Längsschweller zusammen. In diesem Hohlraum sammelt sich Feuchtigkeit, die Korrosion auslösen kann. Voraussetzungen sind gutes Licht, ein kleiner Spiegel und die eigene Beweglichkeit.

Hinzu kommen die üblichen Verdächtigen
Karossenholme (Schweller), Bodenblech, Kofferraumblech, Kotflügel und Radkästen

Spurensuche
Aus einer Karosserie mit einem guten Korrosionsschutz trieft(e) Elaskon. Elaskonspuren sind auch noch nach vielen Jahren zu erkennen.

Kaputt gestanden
Nach langen Stehzeiten sind oft die Bremsen fest, die Bremsschläuche porös oder undicht.

Machtlos
Hat sich in der originalen Sitzgarnitur die Polsterung verschoben, hilft keine Reparatur. Entweder „neue" alte Sitze kaufen, oder bei der Beschaffung auf Originalität verzichten.

Elektrik überprüfen
Ein Armaturenbrett mit Zusatzschaltern ist ein Anhaltspunkt für eine ergänzte Verkabelung. Neue Zündspulen, ein nachgerüstetes Radio am vorgesehenen Platz und vielleicht noch Zusatzscheinwerfer sind okay – für Einsteiger. Zusätzliche Kühlventilatoren, im Motorraum eine von 24 auf 12 Volt umgewickelte Lkw-Zwei-Klang-Fanfare als Pkw-Hupe, eine kombinierte 6-Volt-/12-Volt-Elektrik mit Spiraldrähten als Widerstand und Sicherungen über die Länge des Motorraums sind auch okay – aber nur für Spezialisten.

ZEITREISE DURCH DREIEINHALB JAHRZEHNTE

Die Limousine 311 war bei ihrer Präsentation international konkurrenzfähig. Auf ihrer Basis entstand eine attraktive Modellfamilie. Hinzu kamen spezielle Exportversionen und Einsatzfahrzeuge (die hier nicht abgebildet sind). Politik und VVB verhinderten Investitionen und Neuentwicklungen. Durch das Festhalten am Zweitaktmotor verloren die Autos aus Eisenach immer mehr Marktanteile. Die Fahrzeugfamilie schrumpfte auf zwei Modelle. Ende der 80er-Jahre sollte die Konkurrenzfähigkeit wiederhergestellt werden: mit Motoren von VW. Infolge der politischen Wende und des offenen Marktes trat an die Stelle der Zukunftspläne die Liquidation von AWE. Als Oldtimer erleben die Eisenacher Zweitakt-Modelle eine Wiedergeburt. Ob es auch beim viertaktenden Wartburg 1.3 so kommen wird – die Autos sind noch keine 30 Jahre alt – das wird die Zukunft zeigen.

Wartburg 311-0 Limousine

Wartburg 311-1 Luxus-Limousine

Wartburg 311-2 Kabriolett

Wartburg 311-3 Coupé

Wartburg 311-5 Camping

Wartburg 311-8 Schiebedach-Limousine

Wartburg 311-9 Kombi

Wartburg 312 Limousine

Wartburg 312 Camping

Wartburg 312-300 HT

Wartburg 313/1 Sport

Wartburg 353 Limousine

Wartburg 353 Tourist

Wartburg 1.3

Wartburg 1.3 Tourist S

Ab 1966 wurde folgender Typ- und Fahrgestellnummern-Aufbau festgelegt:

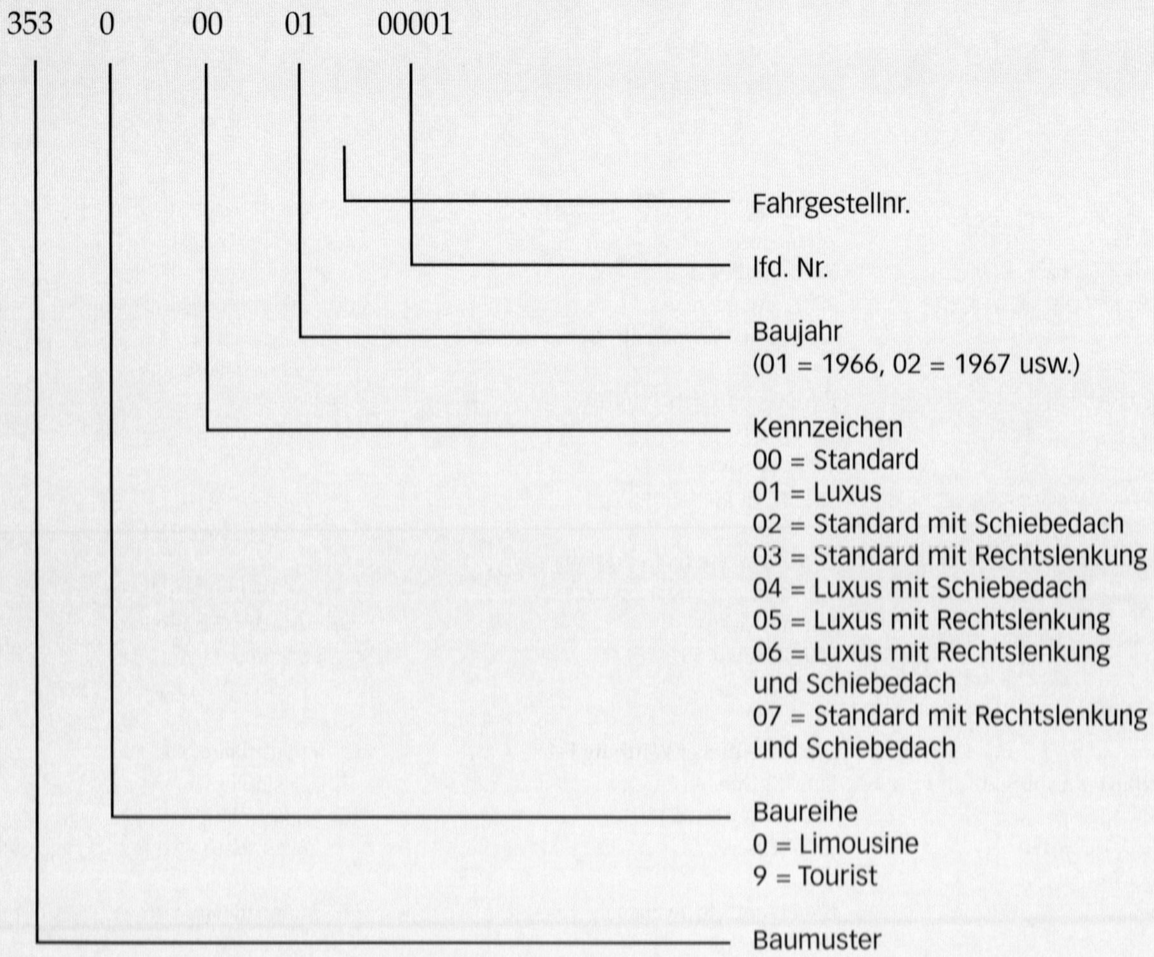

Kennzeichnung regenerierter Rahmen

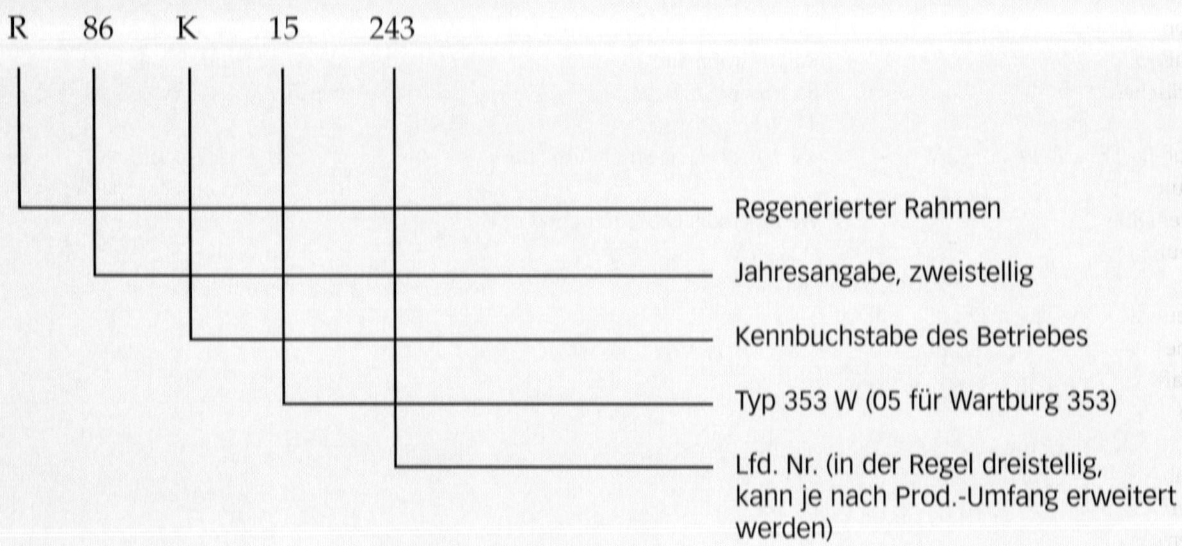

Schema nach: „Hinweise zur Identifizierung und zum Umbau von PKW Wartburg", 3. überarbeitete Auflage von 1986

Museen

awe automobile welt eisenach
Friedrich-Naumann-Straße 10
99817 Eisenach

Verkehrsmuseum Dresden
Augustusstraße 1
01067 Dresden
www.verkehrsmuseum.sachsen.de

Technisches Landesmuseum Schwerin
Werderstr. 124
19053 Schwerin
www.tlm-mv.de

Internetseiten

http://www.oldtimer-wartburg.de
http://www.w311.info/index.php
http://forum.wartburg13.de
http://www.autoplenum.de
http://www.ht300.de

Clubs & Vereine

IGWTB
Jörg Liebchen
Brunnenstraße 3
01983 Großräschen

Wartburgclub Berlin-Brandenburg e.V.
Helmut Traute
15827 Blankenfelde
www.wartburgclubbb.de

Wartburgfreunde Berlin-Brandenburg
Sascha Reyher
Scheiblerstraße 22
12437 Berlin

Wartburgclub Berlin-Brandenburg e.V.
Falkenberger Straße 1a
15518 Briesen/Mark
www.wartburgclubbb-ev.de

1. Deutscher Wartburg Fahrer Club
Martin Völz
Rud.-Breitscheid-Straße 2
17291 Prenzlau
www.wartburg-signale.de

IFA-Freunde Ostwestfalen
Theresienstraße 15
33397 Rietberg
www.ifa-freunde-owl.de

Freundeskreis der Barkasfahrer
IG Wartburg-Trabant-Barkas e.V.
Lothar Göcke
Germanenstr. 58
33647 Bielefeld

Erster Deutscher Wartburg Fahrer Club
Lars Büttner
Lauensteinstraße 14
45147 Essen

IFA Freunde Schwaben
Bertil Mächtle
Pfalzstraße 6
71735 Eberdingen-Nußdorf
www.ifa-freunde.de

„MC Roland" Nordhausen e.V.
Ralph Grohmann
Bochumer Straße 26
99734 Nordhausen
www.mc-roland-nordhausen.de

Wernigeröder Oldtimerfreunde e.V.
Heike Herre
Harzstraße 42
38855 Silstedt
www.oldtimerfreunde-wr.de

Wartburg-Trabant Club Jena e.V.
Postfach 100104
07701 Jena
www.wtc-jena.de

IFA Freunde Sachsen-Anhalt e.V.
Rosenweg 7
39120 Magdeburg
http://ifa-freunde-sachsen-anhalt-ev.de

IFA Freunde Sachsen e.V.
Radebeul
www.ifa-freunde-sachsen.de

IFA-Freunde Trebus
www.ifa-freunde-trebus.de

Wartburgfreunde Bad Berka
Tiefengrubener Straße 93
99438 Bad Berka
www.wartburgfreunde-bad-berka.de

IFA Freunde Hannover
Michael Schüler
30952 Ronnenberg
http://ifa-freunde-hannover.npage.de/

IFA Freunde Rostock
Marco Schlie
www.ifa-freunde-rostock.de

Rheinländer Wartburg Freunde & IFA Freunde Rheinland e.V.
Karlstraße 43a
53604 Bad Honnef
www.rheinlaenderwartburgfreunde.de

Bayerische IFA Freunde
www.bayrische-trabant-ifa-freunde.de

IFA Pannenhilfe
www.ifa-pannenhilfe.de

Internet: www.autoclassic.de

Redaktionsanschrift
AUTO CLASSIC, Postfach 40 02 09,
D-80702 München
Tel.: +49 (0) 89.13 06 99-720,
Fax: +49 (0) 89.13 06 99-700
E-Mail: redaktion@autoclassic.de

Redaktion: Peter Böhlke, Jürgen Nagler
Grafische Gestaltung: Elke Mader,
Antonio Moriello (Umschlag)
Korrektorat: Ute König
Litho: Cromika s.a.s., Verona
Druck : Stürtz GmbH, Würzburg

GeraMond Verlag GmbH
Infanteriestr. 11a, 80797 München
www.geramond.de

Geschäftsführung: Clemens Hahn,
Carsten Leininger
Produktmanagement für diese Ausgabe:
Martin Distler
Herstellungsleitung: Ulrike Walleitner
Herstellung: Anna Katavic
Vertrieb Zeitschriften: Dr. Regine Hahn

Abo-Hotline
Kundenservice, GeraMond-Programm
Tel.: 0180 – 5.32 16 17 (14 ct/min)
Fax: 0180 – 5.32 16 20 (14 ct/min)
E-Mail: abo@geramond.de

Gesamtanzeigenleitung: Helmut Kramer,
Tel.: +49 (0) 89.13 06 99-270,
Fax: +49 (0) 89. 13 06 99-100,
E-Mail: helmut.kramer@verlagshaus.de

Anzeigenleitung Auto Classic: Helmut Gassner,
Tel: +49 (0)89.13 06 99-520,
Fax: +49 (0)89.13 06 99-100,
E-Mail: helmut.gassner@verlagshaus.de

Anzeigendisposition: Lisa-Maria Schuster
Tel.: +49 (0) 89.13 06 099 130,
Fax: +49 (0) 89.13 06 099 100,
E-Mail: lisa.schuster@verlagshaus.de

Es gilt die Anzeigenpreisliste Nr. 6 vom 1.1.2011
www.verlagshaus-media.de

Vertrieb/Auslieferung
Bahnhofsbuchhandel, Zeitschriftenhandel:
MZV Moderner Zeitschriften Vertrieb GmbH & Co.
KG, Unterschleißheim

Preise: Einzelheft
EUR 9,90 (D), EUR 10,90 (A), 19,80 (CH)

ISBN 978-3-86245-652-2

Erscheinen und Bezug: „Wartburg" ist ein Sonderband von AUTO CLASSIC. Sie erhalten AUTO CLASSIC in Deutschland, in Österreich und in der Schweiz im Bahnhofsbuchhandel, an gut sortierten Zeitschriftenkiosken sowie direkt beim Verlag.

Die Deutsche Nationalbibliothek verzeichnet diese Publikation in der Deutschen Nationalbibliografie; detaillierte bibliografische Daten sind im Internet über http://dnb.d-nb.de abrufbar.

Die Autoren bedanken sich bei

Dr. Christian Beckert (Magdeburg)
Karlheinz Erlebach (Wernigerode)
Klaus-Dieter Fiesinger (awe - Automobile Welt Eisenach)
Siegfried und Andreas Hertrampf (Berthelsdorf)
Sepp Melkus (Dresden)
Peter Melkus (Dresden)
Kurt Mießner (Bützow)
Kurt Nagler (Wernigerode)
Frank Natschun (Dresden)
Peter Süssemilch (Großfurra)
Harald Tänzer (Benneckenstein)
Edgar Theiner (Rathmannsdorf)
Eberhard Williges (Barby)
sowie ihren Partnerinnen Mariette und Ingewalde

für die Unterstützung beim Entstehen dieses Buches.

Literaturverzeichnis

Illustrierter Motorsport (div. Ausgaben)

DS - Der Deutsche Straßenverkehr (div. Ausgaben)

KFT - Kraftfahrzeugtechnik (div. Ausgaben)

100 Jahre Automobilbau in Eisenach,
Michael Stück/Werner Reiche, Landsberg 2001

Autorennsport in der DDR,
Horst Ihling, Bielefeld 2006

Steine, Staub und fremde Straßen,
Peter Witt, Berlin 1963

Plaste, Blech und Planwirtschaft,
Peter Kirchberg, Berlin 2001

IFA Wartburg, Wie helfe ich mir selbst?,
Dipl.-Ing. Horst Ihling,
VEB Verlag Technik Berlin

Meilensteine aus Eisenach,
Werner Reiche/Michael Stück,
Stuttart 2003

Autos aus Eisenach, Horst Ihling, Stuttgart 1999

sportlich schnell schön,
Lars Leonhardt/Michael Schubert,
Reichenbach und Halle 2007

awe – automobile welt eisenach,
Die Ausstellung, Verein Automobilbau-Museum
Eisenach e.V., Kuratorium, 1. Auflage 2007

Autosalon in Buchform, Conrad West, Bonn 1961

Wartburg 311, Michael Stück, Landsberg 2003

Fahrzeuglexikon Wartburg,
Jürgen Lisse, Bildverlag Böttger GbR,
Witzschdorf 2007

DDR-Legende Wartburg,
Horst Ihling, Bielefeld 2010

Schrader-Motor-Chronik
Wartburg 311/312/353,
Dokumentation von Horst Ihling,
Stuttgart 2007

Wartburg-Betriebsanleitungen,
-Reparaturhandbücher
und -Ersatzteilverzeichnisse

Bildnachweis:

AWE: 8/9, 10, 16, 17, 19, 20/21 u., 22, 26 o., 27, 29, 30 o., 33 o., 34 Mitte, 34 u., 36, 37, 38, 39, 40, 43 u., 48/49, 51, 52 o./Mitte, 53, 54, 55, 56 Mitte, 57, 58 o., 60, 82 o., 84 u., 85 u., 92, 93 halboben rechts, 93 halbunten

Mariette Böhlke: 7 o., 24 u., 28, 31, 35, 62 o., 79

Peter Böhlke: 2, 6, 7 u., 11, 12 u., 13, 21, 24 Mitte, 25, 26 u., 27, 30 Mitte, 32 Mitte, 32 u.r., 34 Mitte, 41, 42, 44, 45, 46/47, 50, 52 u., 56 u., 58 u., 59, 61, 62 u., 63, 64, 66/67, 72/73, 74, 75, 76 o., 77, 82 u., 83, 84 o., 85 o., 86, 87, 88, 89, 90, 93 o., 93 halboben links

KFT Kraftfahrzeugtechnik 3/1965: 43 o.

Melkus KG: 68/69, 70 o./Mitte, 71, 72, 76 u., 78

Uwe Miethe: 93 u.

Jürgen Nagler: 14, 15, 20 o., 23, 33 u., 80/81

Kurt Nagler: 23

Peter Witt: Steine, Staub und fremde Straßen, Sportverlag Berlin, 1. Auflage, 1963: 12 o., 18, 32 u.l.

Ebenfalls erhältlich ...

ISBN 978-3-7654-7692-1

Wem zu DDR und Straße nicht mehr einfällt als Trabant und Wartburg, der wird mit diesem authentischen Bildatlas jede Menge Überraschungen erleben!

ISBN 978-3-86245-604-8

Von Trabis, W50, Ikarus, ZT & Co. Authentische und durchgehend farbige Originalaufnahmen zeigen Kraftfahrzeuge in der DDR im alltäglichen Einsatz.

ISBN 978-3-86245-611-6

Kenntnisreich, mit raren Fotos dokumentiert der Bildatlas die DDR-Feuerwehrfahrzeuge: Von Vorkriegsmodellen über Eigenumbauten bis hin zu Importfahrzeugen.

ISBN 978-3-86245-617-8

W50. Robur. Barkas. Framo. Welche Lkw in der DDR außerdem unterwegs waren, zeigt dieser Bildatlas mit prägnanten Porträts und lebendigen Aufnahmen.

ISBN 978-3-7654-7731-7

Alle Veteranen der DDR-Traktoren und -Landmaschinen, authentisch bebildert und mit allen wichtigen Infos - eine einmalige Reminiszenz!

GeraMond

www.geramond.de

In gleicher Reihe erschienen ...

ISBN 978-3-7654-7716-4

ISBN 978-3-7654-7740-9

ISBN 978-3-7654-7812-3

ISBN 978-3-7654-7724-9

GeraMond

www.geramond.de